# 新地域主义建筑实践

谢清诚 著

# NEW REGIONALISM ARCHITECTURAL DESIGN PRACTICE

中国建筑工业出版社

**图书在版编目（CIP）数据**

新地域主义建筑实践 = NEW REGIONALISM ARCHITECTURAL DESIGN PRACTICE / 谢清诚著. —北京：中国建筑工业出版社，2021.10
ISBN 978-7-112-26366-0

Ⅰ.①新… Ⅱ.①谢… Ⅲ.①建筑理论 Ⅳ.①TU-0

中国版本图书馆CIP数据核字（2021）第143332号

责任编辑：刘　丹
书籍设计：锋尚设计
责任校对：王　烨

**新地域主义建筑实践**
NEW REGIONALISM ARCHITECTURAL DESIGN PRACTICE
谢清诚　著

*

中国建筑工业出版社出版、发行（北京海淀三里河路9号）
各地新华书店、建筑书店经销
北京锋尚制版有限公司制版
北京富诚彩色印刷有限公司印刷

*

开本：880毫米×1230毫米　1/16　印张：12¼　字数：297千字
2021年8月第一版　　2021年8月第一次印刷
定价：**158.00**元
ISBN 978-7-112-26366-0
（37948）

# 自序

在中国快速城市化的特定历史时期，深耕在项目一线的我作为一名职业建筑师为能参与这个伟大时代的建设而欣欣然，同时，面对当下建筑风貌千城一面、缺乏特色问题也在专业维度上持续展开着自己的思考。如何在建筑创作中能够保持初心与活力，如何能在满足业主的要求前提下引导项目创作出符合这个时代气质与本土特色的建筑作品无疑是我关注的重点。以上问题的解答必须在实践的基础上对历史文化、建筑思潮、建筑评论进行更多的反思与扬弃，我认为对于始于20世纪上半叶的新地域主义的创作理念，对当下的建筑创作有着一定的借鉴价值，同时也深感“舶来”的建筑思潮必须与国内建筑创作生态互为批判与对照，只有这样，才有可能走出一条真正对当下建筑创作有指导意义、并通向彰显建筑文化魅力与特色的创作之路。

我的思辨与实践从对新地域主义与批判地域主义的理论概念开始，在建筑创作中特别关注了对地区性整体文化的深层结构和原型的挖掘与探索，淡化了批判地域主义中对于全球化过分强调抵御、过分强调作品个性的倾向，并通过项目的实践将这一创作理念结合当代建筑技术、语言予以呈现并校验。

在朋友和同事的鼓励下，我将近年来的作品编纂成册并附上自己在创作实践中的体会、理解与反思。一方面我感觉这是对自己多年来创作理念的梳理与阶段性的总结，希望在祖国大地上通过知行合一，在贯彻文化自觉、文化自信与文化自强的信念指引下，走出一条建筑本土化的创作道路；另一方面，希望借此与广大建筑师同行朋友进行交流，如果能够引起一定的共鸣与思考，我将深感荣幸。

囿于能力与认识的局限，本书中的观点难免存在瑕疵，希望抛砖引玉，获得大家的批评与指正。

谢清诚

# 目录

## 西北区域

# 中原区域

# 江汉区域

# 海南区域



## 附录

# 关于新地域主义在建筑创作中的几点思考

## 一、新地域主义与批判地域主义的思辨

新地域主义与批判地域主义是近年来在建筑创作与评论领域讨论很多的两个概念，回溯其理论思潮的发展历史不难发现，新地域主义一词首先出现于建筑理论家路易斯·芒福德（Lewis Mumford）在20世纪20年代的著作中；他试图重新建构“地域主义”的概念则至少可以回溯到18世纪英国工业革命期间历史主义的充满怀旧态度的浪漫主义与画意派园林（picturesque）思潮，而他则对这一传统的地域主义的概念进行了系统性地反思，同时借由此提出了对于当时现代主义国际式风格的挑战。“二战”后这个概念的发展则演变为对全球性泛滥的现代主义、教条主义的批判与对抗，积极主张消除本土和全球化之间的对立，将传统地域主义的概念逐步改造成为今日所说的新地域主义的建筑思潮。

批判地域主义的概念是20世纪80年代对新地域主义概念的拓展与行动纲领。建筑理论家楚尼斯（Alexander Tzonis）与勒费伏尔（Liane Le-faivre）在1981年发表的文章《网络与路径》是刘易斯·芒福德思想的延续和再阐释，他们定义了批判的地域主义；1983年建筑理论家、建筑历史学家肯尼斯·弗兰普顿（Kenneth Frampton）正式将批判的地域主义作为一种明确思想加以讨论。

严格地检校这些理论，不难发现，批判地域主义的思想根源来自法兰克福学派的批判精神，而这种批判精神是对大众化、波普化的批判，这种主要出现在建筑评论中的综合分析与思考方法，在20世纪90年代被引入中国后，也成了一种创作途径，但由于当时国内外建筑文化历史情境的差异而导致的概念泛化，进而造成了今天批判地域主义的建筑创作陷入了一种两难的境地。

一方面是以西方建筑结构体系与建造方法为基础的建筑学，在当代建筑形式与传统文化和材料表达之间造成了冲突，使得大量的伪传统建筑出现在建筑创作之中，建筑师却很少真正地去关心中国本土的地域文化和建筑使用者的生活。这些以批判地域主义理念造就的建筑，使得中国传统建筑的简明、真实、有机性让位于大量的仿古材料与文化符号的拼贴式设计，而传统地域性建筑文化基因中的精髓并没有体现在建筑设计中，反而沦为一种

廉价的形式主义表征。

另外一方面，批判地域主义成为许多明星建筑师的个人风格标签，在缺少思考的情况下，多次在不同地区批量复制，而这种所谓的“抵抗的建筑”，其个性又往往凌驾于真正的地区性建筑文化之上，在占据了某个地区主流建筑评论导向之后，个人作品的特征反而成为该地区的所谓代表性地区风格。这使得批判地域主义沦为一种建筑师个性的风格化标签，从而丧失了其在建筑创作中真正的批判性价值。

面对以上批判地域主义在中国建筑创作与评论中的困境，我认为应该重新回溯并思考新地域主义的思想导向和对地域性的建筑特征的发掘方法。新地域主义（Neo-regionalism）是在全球化浪潮下，试图在当代建筑体系的框架下，吸取地区性的建筑特征，其本源来自于地域主义建筑，是建筑中的一种“方言”，而不是普适性的建筑。同时，新地域主义又不是简单的传统文化符号拼贴，其精神气质上明显不同于传统地域主义中浪漫主义的怀旧倾向。它是一种当代建筑对同质化的经典国际式现代主义建筑的抵御，同时又具有现代建筑的功能适用性、当代性与人性化特征。

在这样的思想标准下，我们不难发现过去建筑创作中，对地域性的运用中出现的一个突出问题在于将表达地区性建筑特征简单地归结于形式层面上的吸收与引用，而忽视了地区性建筑中对于生态、环境与深层次文化特征的表达。

而从新地域主义（Neo-regionalism）一词或者是地域性特征（regional character）一词的解读上，我们不难发现，批判地域主义的评论方式将地域性建筑简单地归结于单体建筑的创作，而忽视了某个特定地区建筑的总体特征。

从某种意义上来说，只有有效地运用新地域主义建筑的创作方法，才能使得批判地域主义成为一种可能。

## 二、新地域主义建筑的创作方法是建立当代建筑文化与重构场所意义的有效途径

我认为新地域主义建筑文化特征不同于历史性的空间特征与文化符号，其本质意义是通过一种“回到未来”的方式，在保留地区性建筑精神精髓的基础上，延展当代建筑的地域性特征，在地区性的场所意义与建筑的时代性之间建立一座桥梁，在寻找文脉深层次结构的同时又满足当代建筑的标准。而这方法应该超越文化符号的克隆与空间形态的仿制，而更多体现在对地域性文化的精神性表征的重构之上，从而摆脱传统样式与当代建筑标准之间的纠缠，同时又为建筑设计创新提供了一个值得研究又颇具挑战的新维度。

我在创作中所考虑的地区性，是一种基于整体生态环境与具体地区性建筑精神相融合的渐进式方法，它不同于公式化的、基于地区性既有传统建筑形态与符号的运用，更

不是传统材料作为标签式的营造，而是在广泛而深入研究地区性文化内涵、把握其精神内核的基础上，运用现代材料与构造方式，重构地区共性建筑精神文脉与对于具体情境下生态特质的回应，是在超越了个人创作标签之上，更多地以参与者网络、集聚文化意识与创新营造回应场所精神。

从具体的创作过程来说，其方法首先是基于地区性生态特征与文化氛围的整体研究，进而结合具体场地的地形学要素与当代建造要求，对方案创作进行系统性的梳理与优化，从而得出体现地域性建筑精神延续与拓展的当代建筑设计的一种创作方法。在这种创作方法中，我深刻的体会是，首先需要摆脱简单类型学与对传统建筑形态的模拟，而转向对更大历史文化氛围的把握，探索其中的建筑文化精神实质；其次是强调“与古为新”的创作导向，要新旧对话，而不是以新仿旧；最后，在材料运用上，需要考虑当地生态气候特征与使用者要求，力求通过当代建筑建造的表现力重构其区域性的场所精神内涵。

以上的创作方法，我们分别运用于西北黄土高原、中原大别山区、华中江汉地区与海南地区的创作当中，在每个地区梳理其区域性建筑文化的多样性，寻找传统营造特征背后的精神内核，同时因地制宜地采用不同的设计策略加以表达。从实践的效果来看，这种基于新地域主义的创作方法不失为一种既避免了与传统建筑文脉割裂，又不至于坠入简单历史样式模仿的有效建筑创作方式。

## 三、新地域主义实践的重点在于历史原型精神气质的寻找与创新建构意识

要完整地贯彻、实践这一研究性的设计方法，我认为应该超脱对传统地域主义建筑文化特征的追寻、和过于对形态与文化符号的转译，而要更加积极地把握传统建筑精神气质，并同新时期建筑要求相协调。

产业园鸟瞰图

建成的一期研发楼

例如在西安烽火数字技术有限公司产业园的项目创作中，在规划层面，通过对古城城市肌理的研究，尊重和沿袭了西安古城传统肌理和文化脉络；在体量布置层面，则运用了中式院落的空间设计手法。单体建筑设计以园区中的研发大楼为例，通过对西北关中平原地区建筑的研究，把握了这一地区建筑体量偏向厚重，且立面材料以水平划分为特色，从而以虚实层次渐变的开窗作为夯土墙体-屋顶之间建构层次的衔接。考虑到当地沙尘天气，立面开窗线条以强化自清洁性能的竖向线条为主，在材料选择上则使用与黄土高原夯土建筑色彩相近同时耐候性更好的陶土装饰砖，和近似小青瓦色彩的屋面、檐口系统。

相较于建构原型的表征，对关中地区与黄土建筑内在精神气质的把握则是我更为看重的一方面，关中地区历史厚重，而这一地区历史悠久且独具特色的建筑以靠崖窑和坡屋顶平缓的夯土居住建筑为代表。这两种看似结构形式与构造方式截然不同的建筑类型却有着相似的精神气质：质朴、厚重、乡愁、和光同尘，这些内在精神气质都是通过相对粗糙、厚重的夯筑砌体建筑，或是在天然直立黄土层开挖建造成的建筑空间内外，弥漫的光线得以综合体现。为了在园区研发楼中突显这一精神气质，在立面处理上，除了采取表面具有漫反射效果的陶板，还结合外立面整体式遮阳板系统，强化光线多层次折射与漫射效果，另外借助建筑入口造型与入口共享大厅共同形成的光线效果，将传统靠崖窑的空间感受移植到建筑室内。从建成的效果上看，较好地延续了这类建筑中平时难以以物质表达的内在精神气质。

而同样是在黄土高原核心区的甘肃庆阳，我们分析了它在地域性上区别于其他黄土高原地区的深层次文化结构，地处水土流失严重的黄土高原核心区，建筑与人顽强的生命力是这一地区内在的精神气质，这种精神气质则是通过当地以红色为主、多种色彩张扬的民间工艺品凸显，这些工艺品色彩与造型本身就是这种精神气质的凝练与外化。所以在创作庆阳南部新城区董志状元教学城——一个集幼儿园、小学、中学、职业中专为一体的教育综合体建筑群时，一方面在整体布局上利用已经形成的道路，按场地划分格局进行分区，另一方面在建筑布局上以高矮两个“鼎”字形作为主构图要素。东西各设一个南北向轴线，轴线间跨过世纪大道，以弧线相接，自然过渡，利用形成构图核心的标志性人行天桥，妥善解决地块被道路分割的交通问题之后，通过提炼该地域传统工艺中的文化符号、色彩要素，和错落有致的高原台地上的农田地景要素形成外立面造型特色，打造出蕴含丰富传统文化韵味、极具地域识别性的建筑，在实现功能完善、环境优美的校园环境的同时，在精神气质上很好地契合当地人民在农耕文化中形成的顽强生命力。

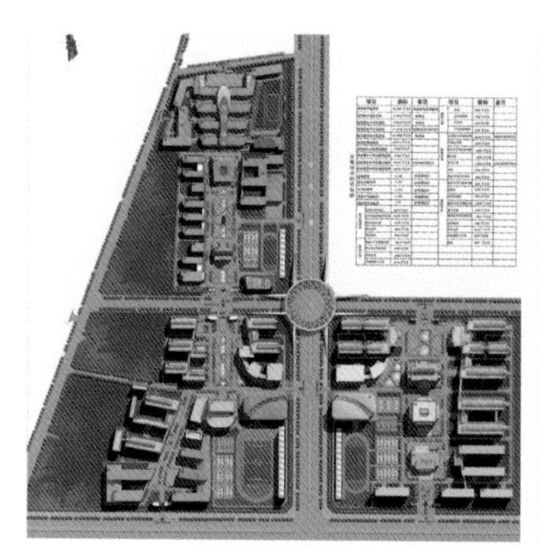

规划平面图

职业中专鸟瞰图

从以上两个项目的创作中不难发现，新地域主义建筑在中国的实践充满了辩证的挑战，其总体原则及特征是：在对地域的地形、地貌、气候、本土材料、建造技术与文化与经济性回溯的过程中，不但要把握单体建筑上的批判性，以免坠入历史-形式主义的窠臼，还要注意避免为了抵抗而抵抗，却忽略了整体地域性建筑文化与建构传统，只有这样，才能在哲学层面回溯文脉本质，在设计伦理上实现参与者共赢，在设计观念上把握通过当代技术来挖掘和延展传统精神内核，从而在中国探索出一条具有研究与实践并重的新地域主义设计思路与创作维度。

董志小学校园局部效果图

# 新地域主义建筑创作策略与建筑文化自觉、自信、自强

## 一、建筑文化自觉是寻找建筑地域性特征的前提

文化自觉是对文化的批判性理解，认真地反思与理性地判断。它不但是对本土文化的深刻体察，同时也是对不同文化之间的碰撞、衔接关系的处理。同样的，作为文化自觉的组成部分，建筑文化自觉，是能够恰当地运用新地域主义建筑创作方法的重要前提与基础。我认为，建筑文化自觉在当下，既是避免各地建筑千篇一律缺乏特色的创作基础，更是逐步实现建筑文化本土化的创作基础与必经起点。

一方面，文化自觉意味着对身处的文化能够深刻地了解，这在建筑创作中，即指对本土文化特点的深刻理解，也指对具体地区性文化的多维度思考与把握，它在力戒对于本地区传统建筑形式的肤浅模仿中起到了很重要的作用。例如在庆阳市西峰天湖水景生态园规划中，根据庆阳新城南区对于区雨洪集蓄保塬生态工程的总体要求，需要在规划区域形成连续的水景湖泊带，并以此与南湖以及未来城市新区建设结合在一起，形成一座集城市水景、生态观光、生态居住、旅游休闲、度假娱乐等一体的园林化片区，在这样城市新区的创作中，如何寻找建筑文化与形态特征就成了一个必须回答的问题。经过仔细对当地传统建筑文化进行梳理之后，我们发现当地建筑文化的底色是黄土高原地方建筑文化、特色农耕文化和传统民间文化，在此基础之上，我们利用传统民间具有象征意义的造型，布局具有可识别的水体形态，利用农耕文化的材料特色形成地域性建筑色彩，同时利用黄土高原聚落建筑形态寻找场所精神，将当代会展空间与宜居空间相结合，共同形成独具特色的新城地域性建筑文化特征。

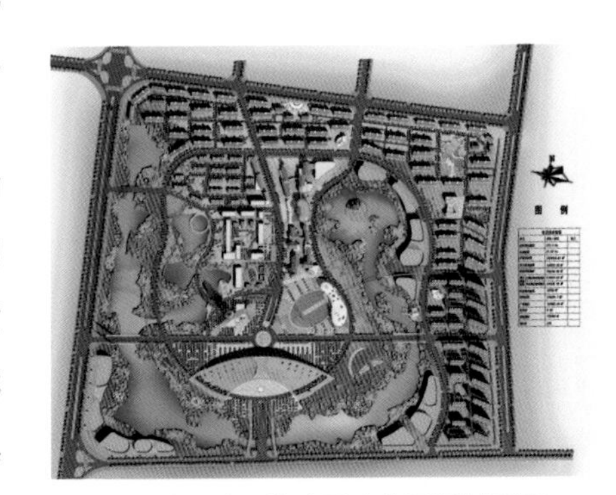

庆阳市西峰天湖水景生态园规划平面

窑洞意向的覆土展馆

另一方面，文化自觉还在于在了解本土、本地区建筑文化基础上，妥善处理好来自于西方的建筑学理论与本土、本地区文化之间的关系上。纵观我国20世纪80年代至今的建筑创作理论，在寻找本土建筑文化特征的过程中，走过一段从迷失到方向逐渐清晰的道路，从对西方建筑理论水土不服的引入到对传统建筑形式不加反思的克隆复制，看似是“西体中用”与“中西融合”的不同道路，事实上这背后都缺少建筑文化自觉。我认为在寻找本土建筑文化特色时，文化自觉不单是对文化的深刻理解与梳理，更是对建筑文化的价值判断与价值取向，后者是前者的深层动机与必然反馈。建筑文化从时空维度来看，一方面，历史的纵向维度是向前发展的，另一方面每个具体历史文化的横断面则是林林总总的多元建筑文化集合体，在进行创作时，我们对文化先进还是落后的判断，如果没有一个正确的价值标准，就很难做到文化自觉而坠入历史主义与教条主义的窠臼。以新地域主义的创作方法来看，它的理论基础来自于对怀旧-浪漫主义色彩的地域主义的批判，同时它来自于西方，其中的积极价值在于以加强地区性建筑特征为原则，对抗全球化浪潮下本土建筑文化的湮灭，同时促进可持续发展，强调对地形、地貌、气候条件的回应，创造性地运用本土材料、能源与建造技术，吸收地区性建筑文化成就、强化地区性建筑的特点与经济性。总体来看，它的价值判断是建立在对本土建筑文化的尊重与扬弃基础之上，是符合本土建筑文化发展趋势的，在它基础之上形成的批判地域主义思想，则在21世纪初期被介绍到国内，只是在实践过程中，批判地域主义逐渐蜕变为对抗建筑全球化的标签，过分强调建筑的个性而忽视地区性建筑文化的共性成分，这种矫枉过正的做法在一定程度上造成了本土建筑文化的迷失。之后众多简单的克隆复制，又造成了在建筑创作上的脸谱化、程式化。在这样的现状下，建筑文化自觉有助于校正新地域主义建筑创作。

民俗文化街与天湖生态园

## 二、新地域主义创作方法必须与中国具体建筑创作环境相结合才能体现建筑文化自信

如果说建筑文化自觉是建筑创作中价值判断的基础之一，那么建筑文化自信则是建筑创作中可持续发展的重要支撑。“文化自信是一个国家、一个民族发展中更基本、更深沉、更持久的力量”“没有高度的文化自信，没有文化的繁荣兴盛，就没有中华民族伟大复兴”。

建筑文化自信在历史上来看，一般都伴随着国家复兴的过程出现。这种现象在建筑创作上往往会历经一个对自身建筑文化的寻根到建立本国建筑文化自信的过程，这一点无论是在19世纪德国与法国竞相对哥特建筑展开的寻根热潮中，还是从日本近代建筑师西学东渐的思潮中都有所体现。而当代的日本建筑师，以伊东丰雄、妹岛和世、隈研吾等为代表，则已经跨越了简单的寻根之旅，以一种更加从容的态度去表达本国建筑文化的特质，其中最主要的特征是在这种建筑文化自信基础上，将我国建筑文化的根源通过当代建筑设计语言与材料的表达凸显出来，走出了一条超越形式风格而又能彰显我国建筑优秀价值的创作道路，这是通过对我国历史上建筑文化的深刻体察、将时代要求与建筑师自身的经历相互融合而成的一种创作上的文化自信。

以光山县商务中心区的文化中心及文化广场为例，地处大别山区的豫南地区，建筑文化上受到了中原建筑文化和大别山区建筑文化的双重滋养，在创作中，我们更多是考虑将大别山区厚重的历史传统与大别山区建筑文化相结合，勇于突破既定的历史样式，创作出具有本地区精神气质内核的建筑性形象。具体来说，通过对后山、前溪、村落安居其间的大别山地区典型空间原型的提炼，着力打造建筑的布局与整体景观环境，创作出独具大别山特色的山区文化中心整体形象，同时把传统建筑中竖向分区的材料运用延展到广场材料的布置上，广场材料上则采用了当地特有红砂岩与本地灰白色建筑石材进行纹理组合，依次布置创造出一种既不同于过往形式又传递出当地文化自信的场所氛围。

光山县商务中心区文化中心及文化广场

而在光山县槐店乡晏岗村游客中心的创作中，我将当地深厚的红色文化与本土的建筑材料、山区建筑空间意向等紧密结合，利用当代材料表达夯土材料肌理中的传统风味，将当地民居传统的坡屋顶形式赋予新颖的组合方式，从而表达山区空间天际线的意向，最终将豫南大别山历史文化沉积通过园林化的景观营造与本土材料的现代化演绎，创作出空间和谐、环境优美同时突显本地特色的游客中心，而这背后支撑我们的创作理念是对本地区建筑精神的高度凝练与建筑文化自信。

槐店乡晏岗村游客中心

## 三、文化自强是作品创新的重要维度

在建筑文化自觉的基础之上，通过寻找文化自信，最终实现建筑文化自强，这是在建筑创作领域中保持设计持续创新能力的重要思考维度与建筑创作复兴的重要目标。

新地域主义是在中国当代建筑面貌缺乏地区特色，高度趋同的当下，值得关注的创作倾向。通过对新地域主义概念与原则的仔细梳理与大量的本土化建筑创作实践，我们发现新地域主义具备开放、多元、动态的特征，而这种特征，一方面说明在当代建筑的框架下，新地域主义并不是一种简单的传作手法或是基于风格样式的设计取向，而更多的是一种能够将风土建筑与批判性思维相结合，建立文化自强的有效设计策略。其策略特征是：哲学层面上回归现象学的本质；设计伦理上重视设计活动参与方的文化取向；设计观念上在挖掘地域传统营造工艺的基础之上，体现当代技术成果，最终达成一种开放包容的建筑创作、创新之路。

曾几何时，中国的建筑营造体系是领先世界的，当近代受到了西方建筑文化的冲击后，自身的建筑语言体系便逐步退出了主流建筑创作视野，在各种舶来的思潮中反复寻找自我的定位，几经迷失与挣扎。而今天，伴随着文化复兴的过程不难发现另外一种历史教条主义，通过简单复制历史样式而出现的伪地域主义作品大量涌现。在我看来，这两条都是我们在建筑创作中应力戒的弯路，而这个判断背后很重要的原因就是：只有通过建筑文化自强，才能创作出真正独具特色又能与当代建筑文化潮流齐头并进的建筑作品；这种建筑文化自强，必定是通过在创作中努力寻求地域传统文化与时代发展的结合点，在建筑创作中体现传统文化中的唯物辩证思想精髓；深刻地探索传统建筑文化深层次的精神气质与空间意匠、构图手法与材料表达；将中国与世界建筑文化融合起来，取长补短，方能达成。而坚持创新，将新地域主义思想与中国地区性建筑创作生态相结合，必将走出一条充满建筑文化自觉意识、把建筑文化自信与自强书写在华夏大地上的生机勃勃的建筑创作之路。

# 设计作品

1　西北区域
2　中原区域
3　江汉区域
4　海南区域

# 1

# 西北区域

## 01

## 中国华能庆阳办公、生活、教育、培训基地

项目业主：中国华能甘肃有限责任公司
项目地点：甘肃省庆阳市
项目功能：科研办公、教育培训、生活服务
用地面积：49.79hm$^2$（746.9 亩）
建筑面积：447768m$^2$
设计时间：2010～2012年
项目状态：部分建成
合作团队：宋晓强、王芳、龚代瑜、朱泽民、李军、耿毅等

基地步行街及职工生活区入口鸟瞰

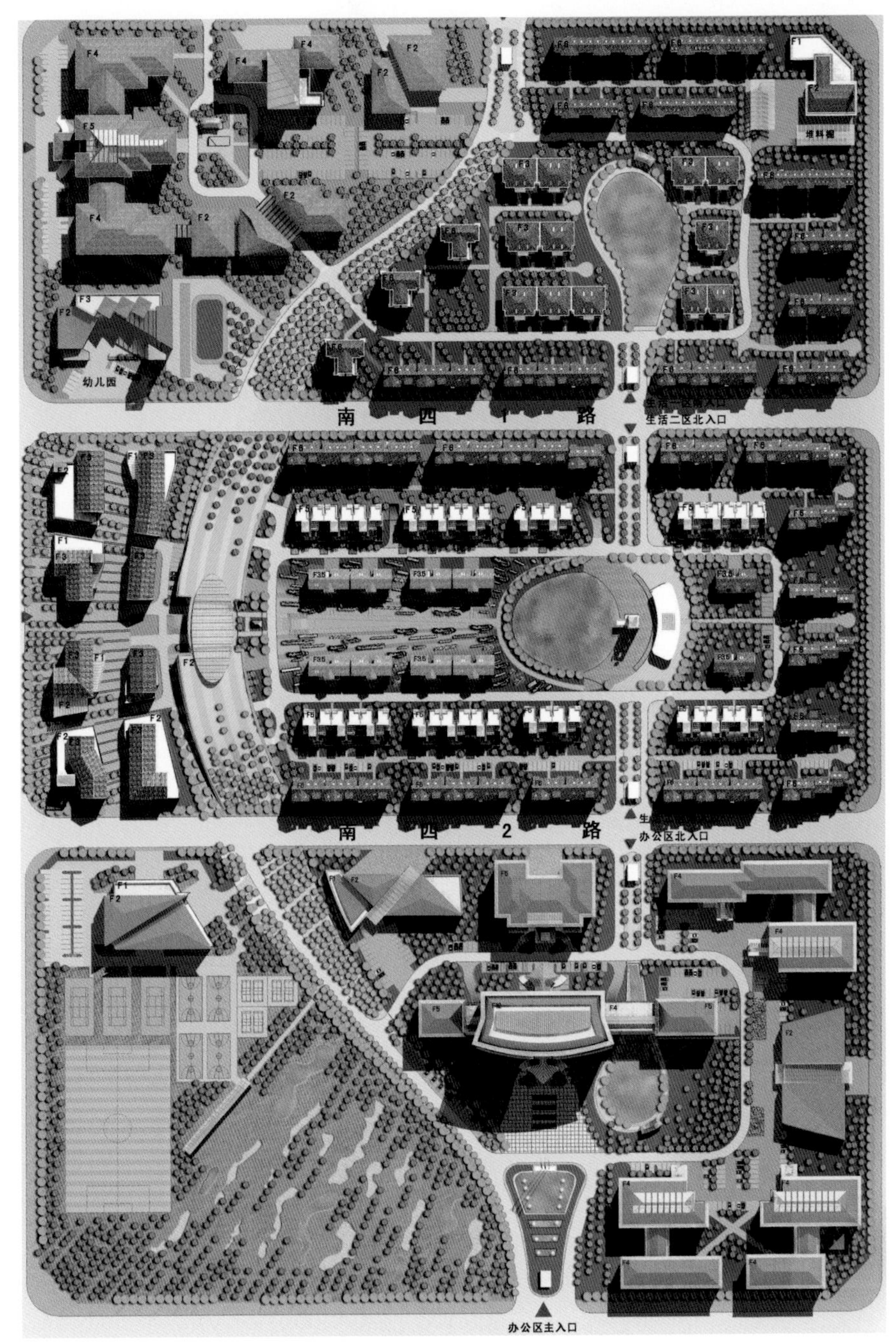


基地规划总平面图

华能甘肃公司正在陇东蓬勃发展，本项目是该公司在陇东地区的办公、教育、培训、生活基地。整个基地从北至南被市政道路分成大小基本相等的三块。规划构思巧妙地以“弩张”为意向，将三块分开的用地有机地联系在一起，自然地形成六个不同的功能分区，分别为：生活一区、生活二区、行政办公区、基地辅助区，商业辅助区、绿化及运动健身区，既很好地满足了协调联系不同用地地块和不同功能分区要求，又契合了业主的企业发展构想和企业文化，体现了华能甘肃公司“蓄势待发”的发展势头，华能人一心一意谋发展的决心和锐意进取的精神风貌。

办公区鸟瞰

基地整体鸟瞰

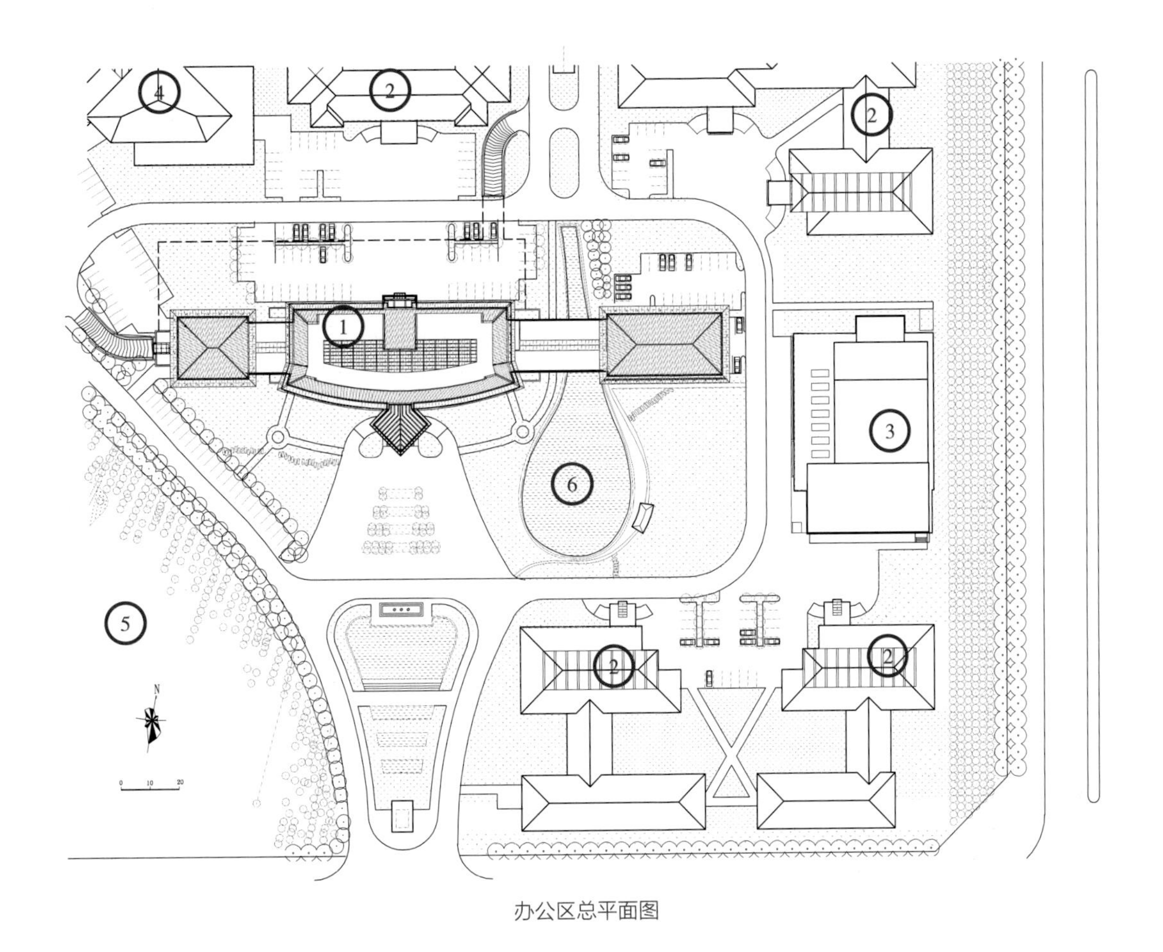


办公区总平面图

1 办公主楼
2 部门办公楼
3 会议中心
4 职工食堂
5 健身场地
6 水系

办公主楼效果

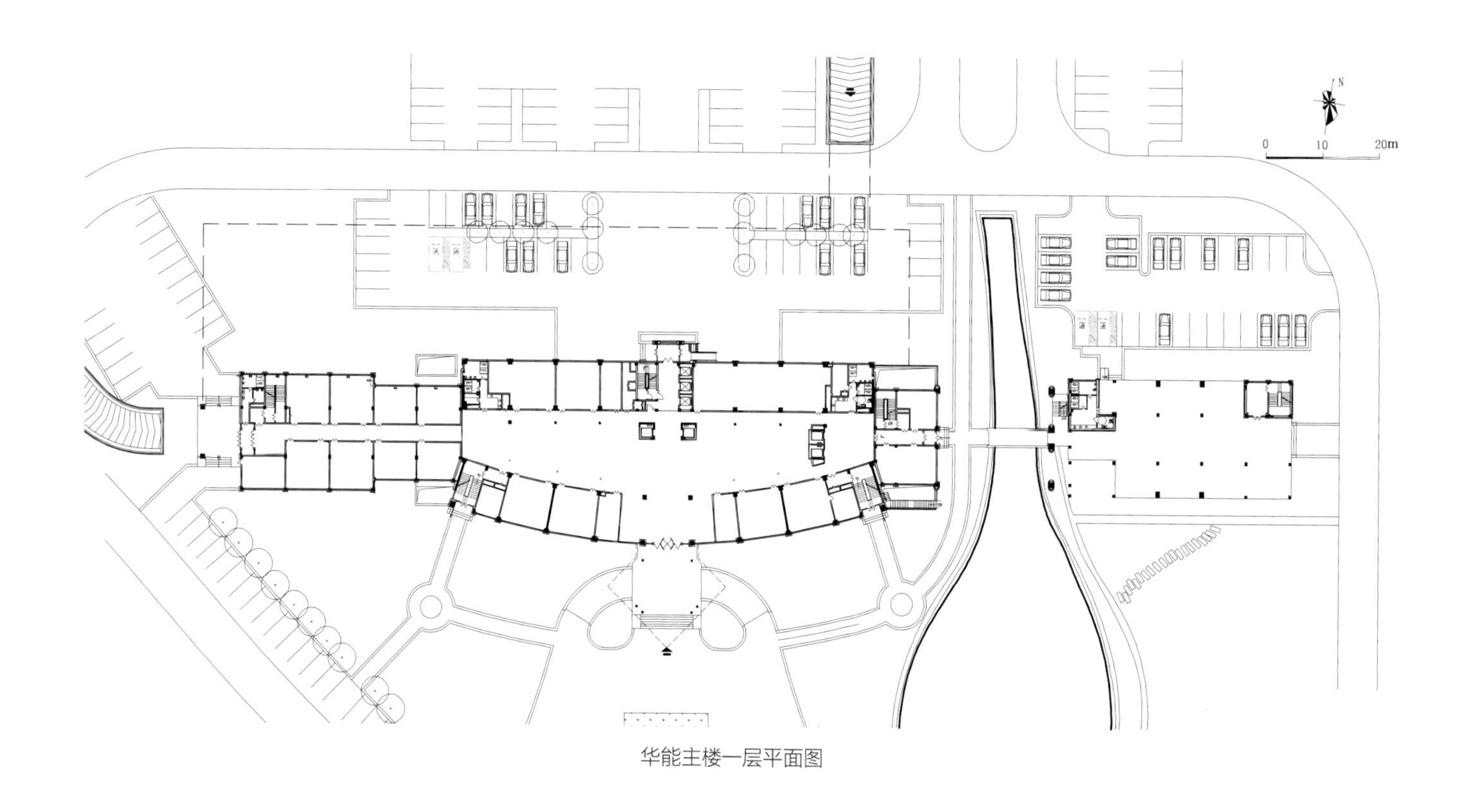


华能主楼一层平面图

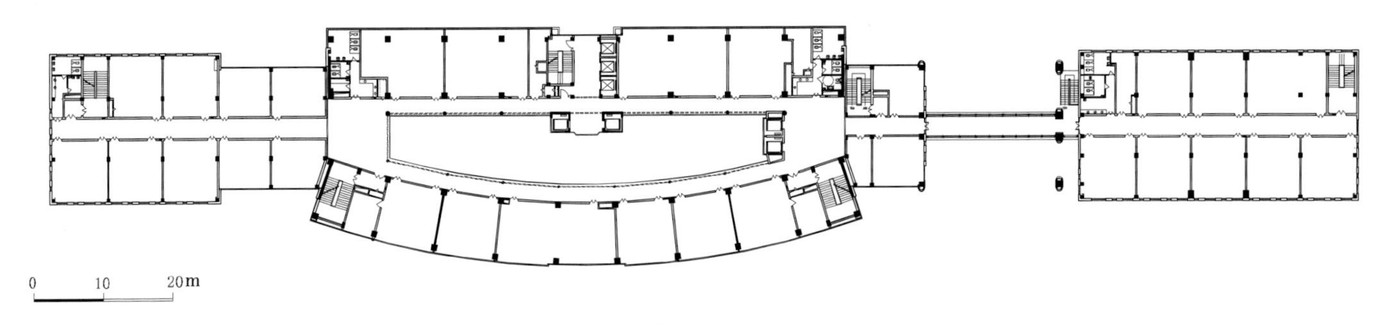


主楼三层平面图

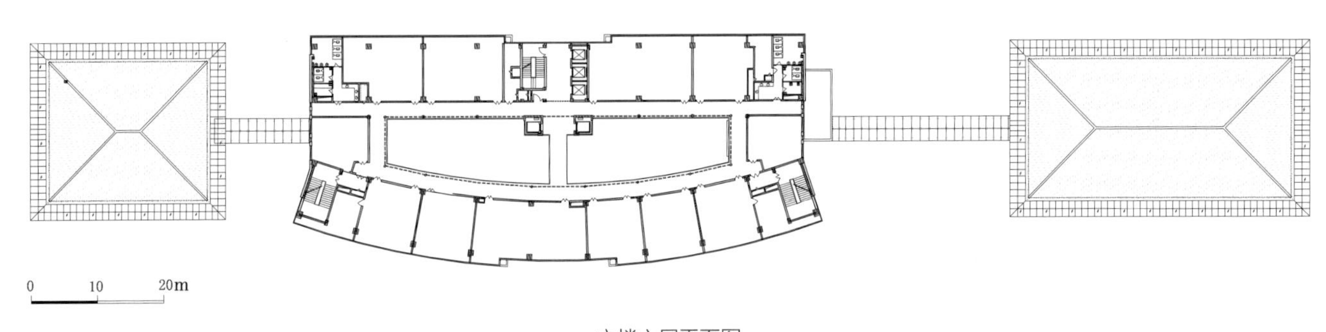


主楼六层平面图

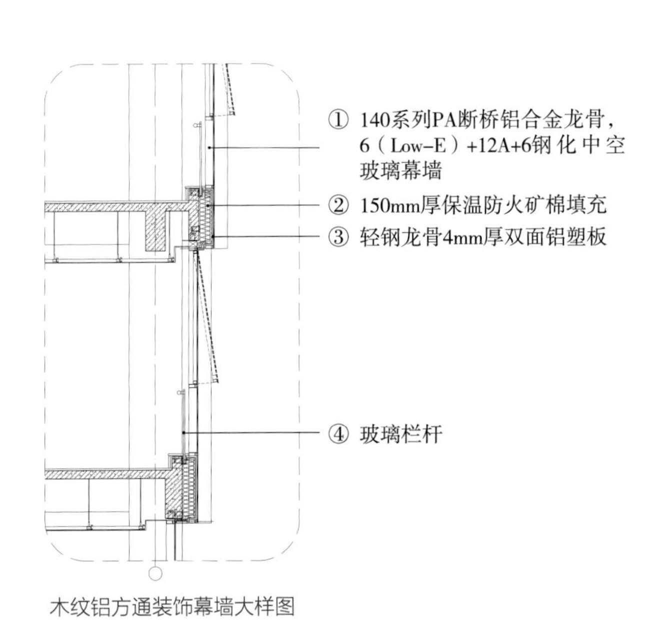


木纹铝方通装饰幕墙大样图

① 1mm厚铝镁锰金属屋面板

② 110系列铝合金龙骨6+1.52+6隐框钢化玻璃斜檐屋面

③ 2.5mm厚铝单板，铝合金龙骨，□50×5钢方通

④ 30×60铝方通栅格

⑤ 玻璃栏杆

⑥ 120mm厚保温防火矿棉填充

⑦ 轻钢龙骨4mm厚双面铝塑板

⑧ 140系列断桥铝合金龙骨6+12A+6（Low-E）隐框中空玻璃幕墙

屋檐大样图

办公主楼西南视角

办公区局部鸟瞰

办公主楼立面图

培训中心

部门办公楼一

部门办公楼二

# 02

# 西安烽火数字技术有限公司产业园

项目业主：西安烽火数字技术有限公司
项目地点：陕西省西安市
项目功能：科研办公、设备生产、生活辅助
用地面积：净用地为15.12hm$^2$
建筑面积：157527m$^2$
设计时间：2016～2017年
项目状态：部分建成
合作团队：黄刚、黄龙、龚唯、杨密、张毅、刘泽坤、王臣、朱泽民、石林、孙权、刘良泉、邹仕强、付倩宁、吴晶、胡家运、刘红梅、龚锐等

FiberHome

鸟瞰图

产业园选址于西安高新区长安通信产业园内。在园区规划上尊重和沿袭了西安古城传统肌理和文化脉络，细节上运用了中式院落的空间设计手法。园区从功能上主要包括生产和研发两个区，两大区在用地内东西向划分。按业主“分期投资、分期投产”的要求，园区一次规划、分两期实施。一、二期自北向南进行，整体及一期建成使用时，都满足两大功能分区要求。

建筑立面则为传统的三段式古典构图：深远的灰色大屋檐，黄土意向的陶板饰面，秦岭山脉的花岗石基座，以及利用建筑交通核等部位塑造的“古烽火台”意向，既体现了地方特色，也彰显了业主公司的独特个性，抒发了该公司“继承上一个五千年、传承下一个五千年”的豪迈情怀。

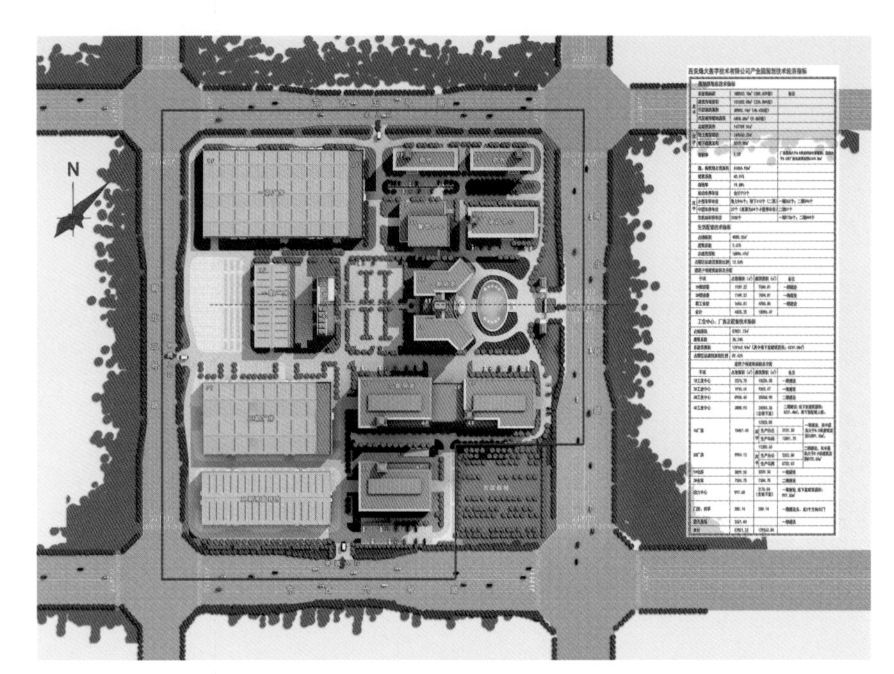


总平面图

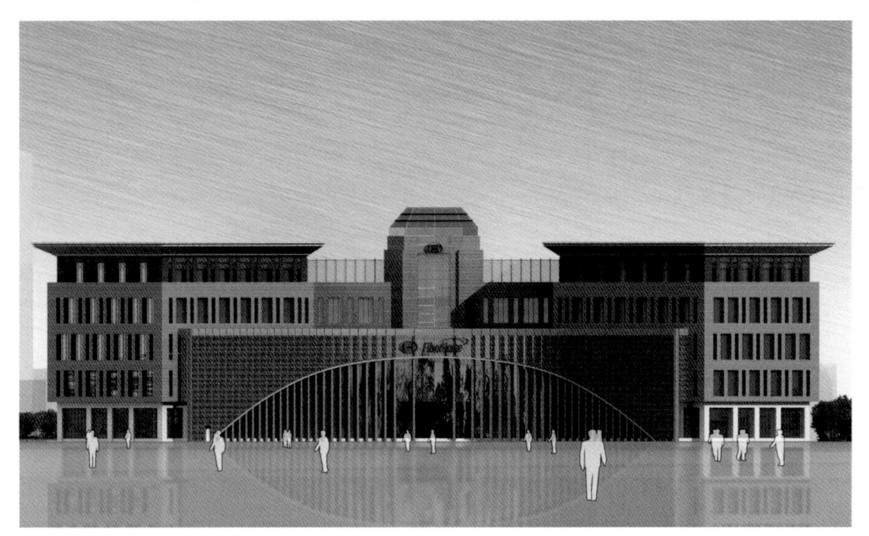

东立面图

南立面图

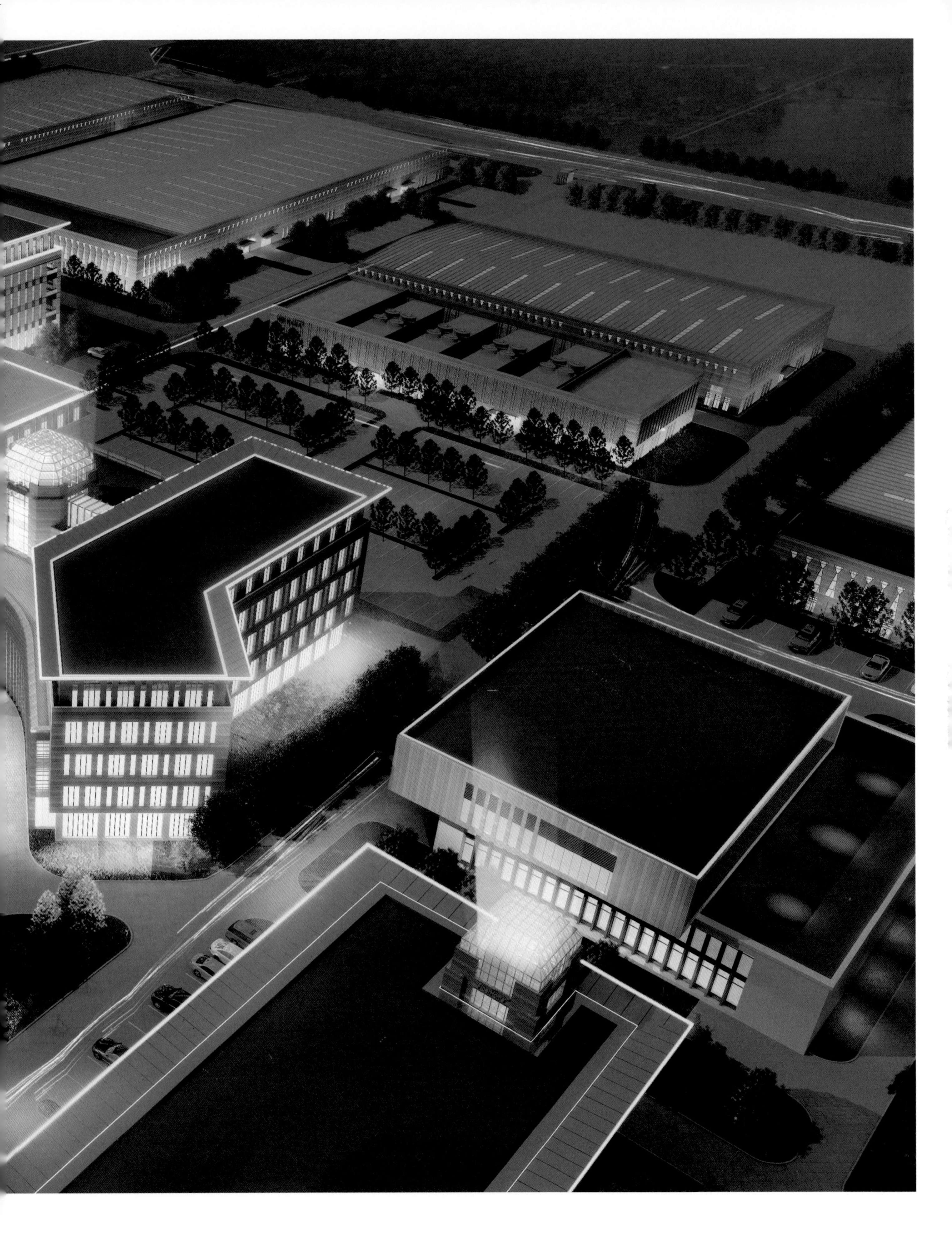

FiberHome

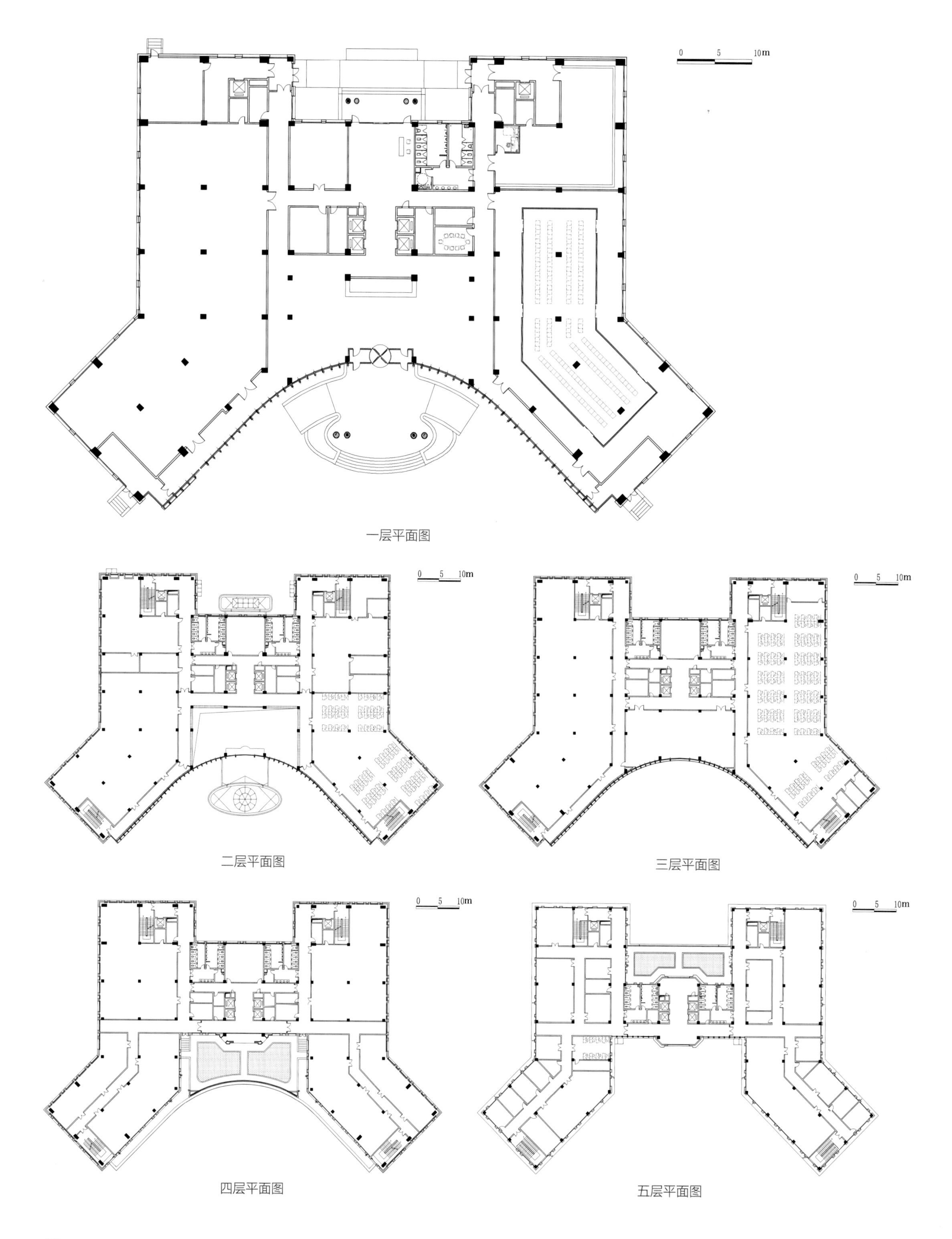

一层平面图

二层平面图

三层平面图

四层平面图

五层平面图

鸟瞰图

研发楼东广场方向实景

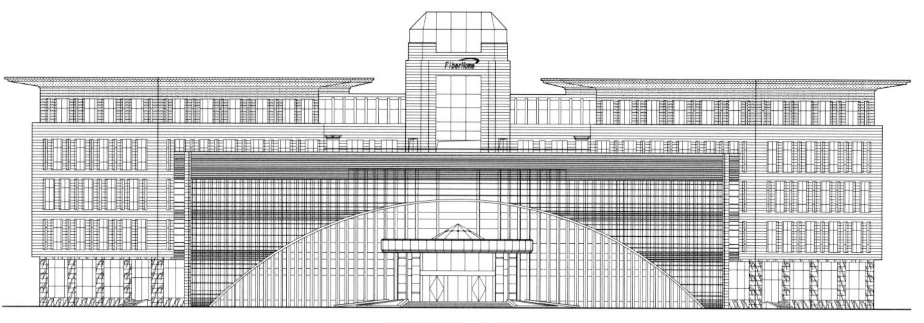

研发楼东立面

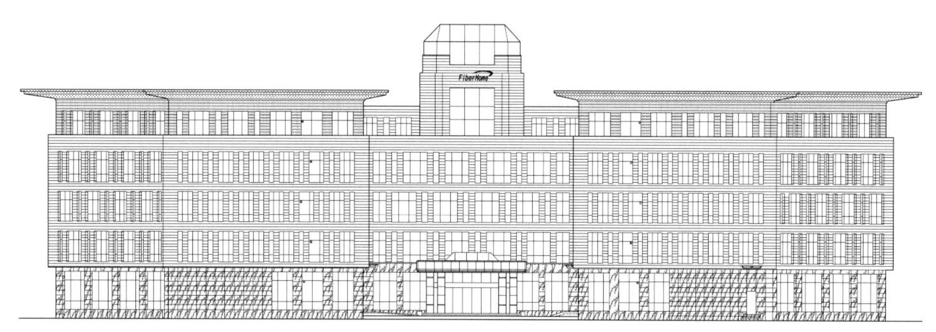

研发楼西立面

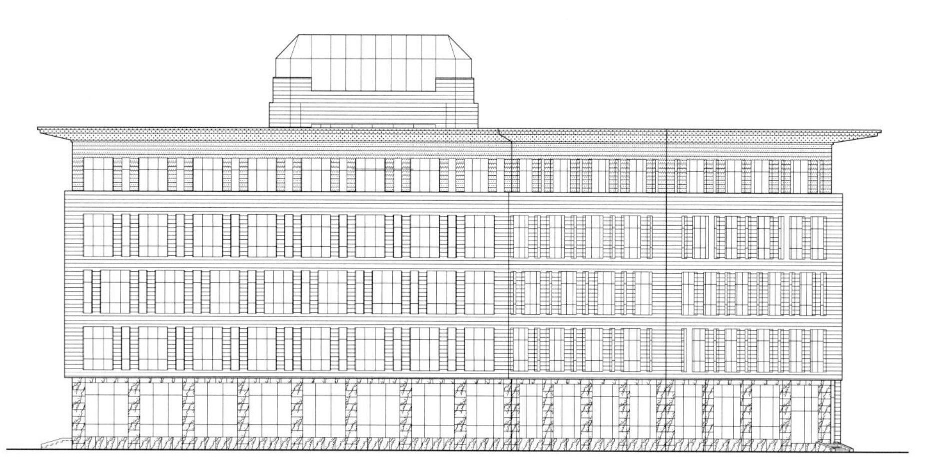
研发楼南立面

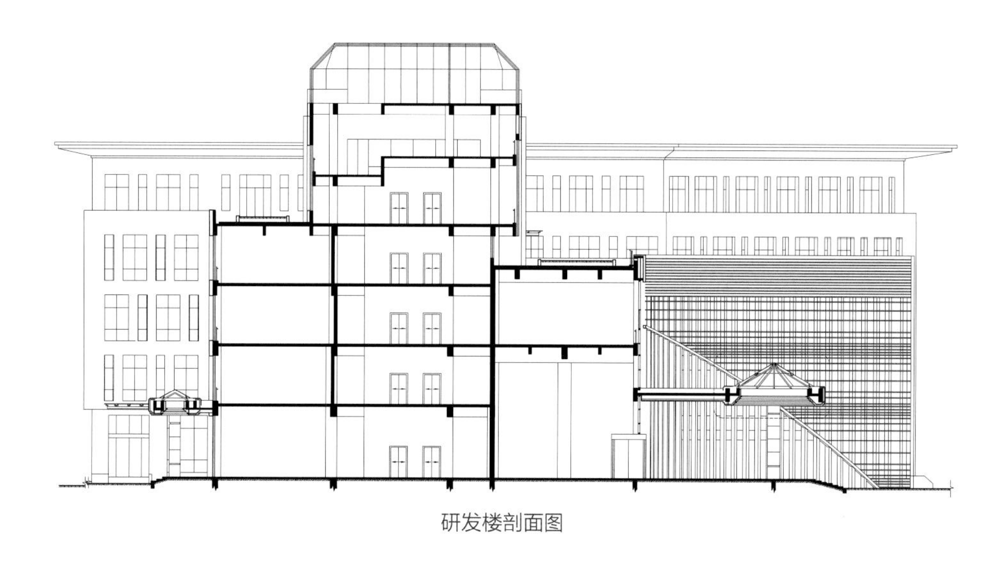
研发楼剖面图

建成后的研发楼西入口视角

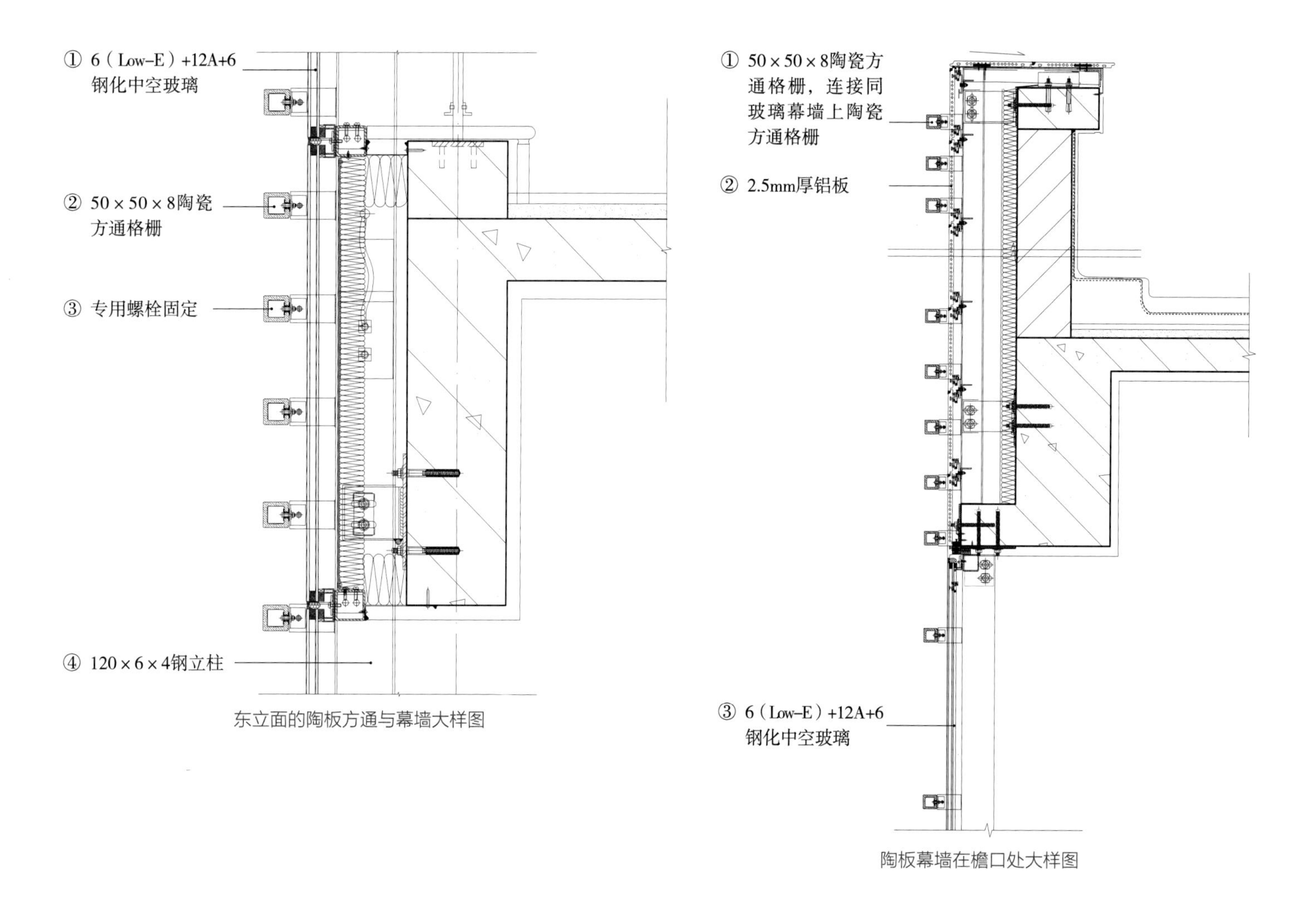


东立面的陶板方通与幕墙大样图

陶板幕墙在檐口处大样图

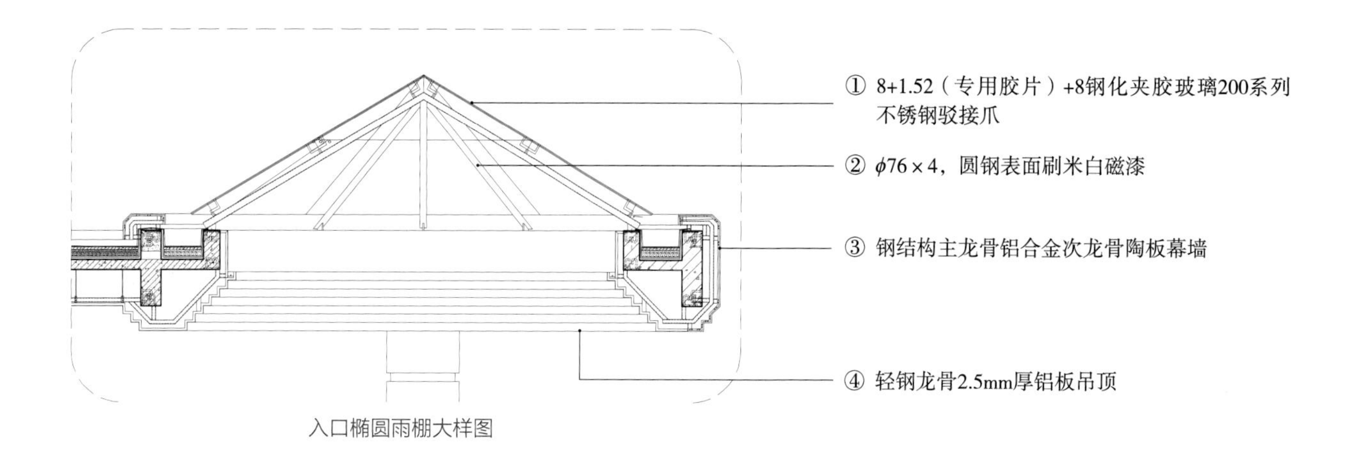


入口椭圆雨棚大样图

研发楼入口效果图

# 03

# 甘肃省庆阳市董志状元教学城规划方案

项目业主：庆阳市西峰区教育局

项目地点：甘肃省庆阳市西峰区

项目功能：幼儿园、小学、中学、职业中专

用地面积：52.97$hm^2$

建筑面积：354579$m^2$

项目状态：规划方案

设计时间：2009年

合作团队：宋晓强、杨晓明、左丘等

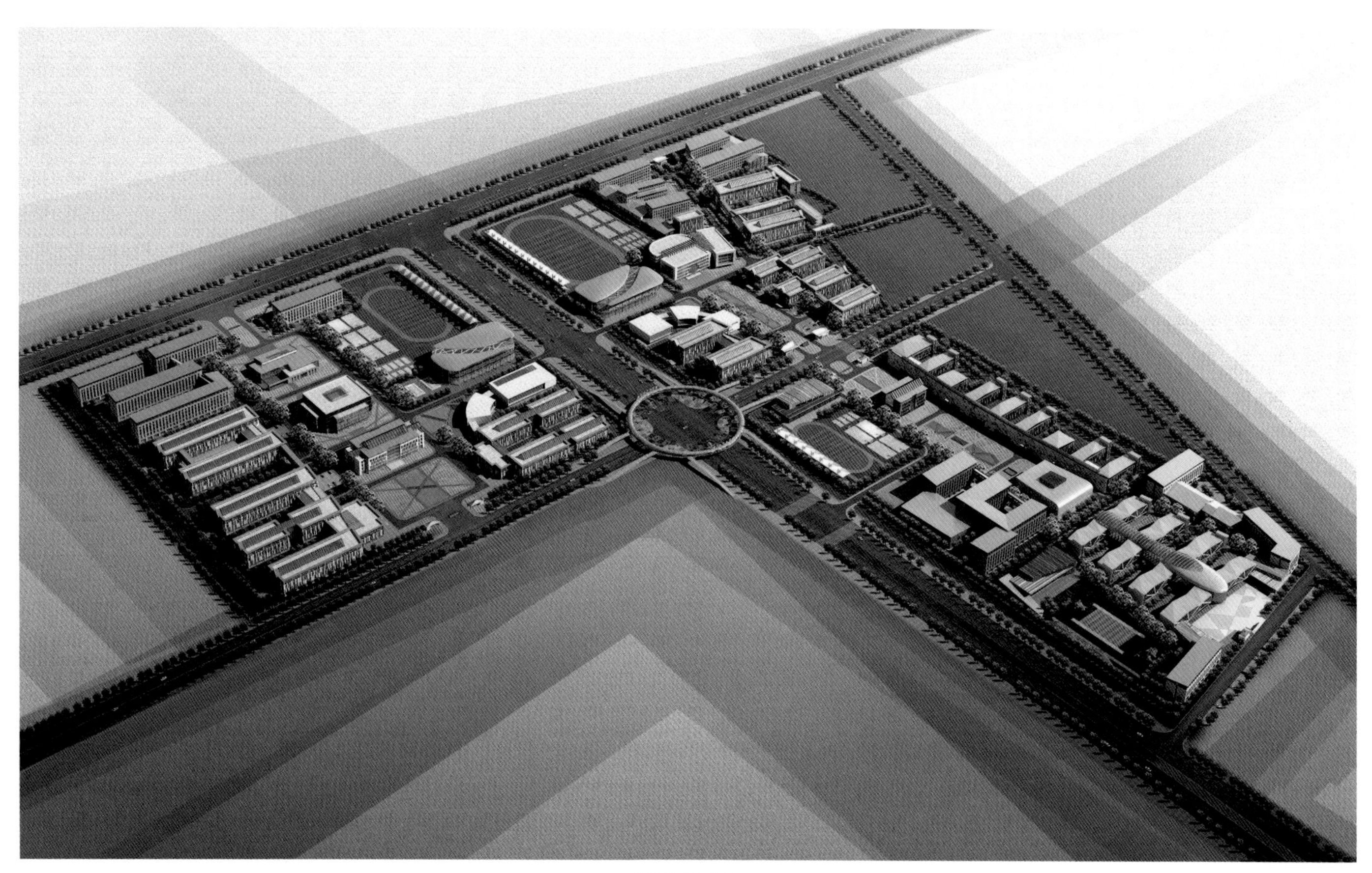

整体鸟瞰图

城市要发展，教育需先行，庆阳市政府决定在南部的新城区显著位置、城市延伸主轴干道上建设集中的教学设施，打造高标准、高起点的，集幼儿园、小学、中学、职业中专为一体的教学园区。这一综合体的基地位于城市主交通轴——世纪大道南端区域，西边为西长公路，其中约三分之一的用地在世纪大道东侧，用地还被垂直于世纪大道的规划道路从中分隔，使得天然地分为三块，其中西南的地块内有职业中专现有校区。

设计特色：在布局上以高矮两个“鼎”字形作为主构图要素。东西各设一个南北向轴线，轴线间跨过世纪大道以弧线相接，自然过渡；其次，在用地的核心部位，即规划道路和世纪大道交叉口、也是三块地的交叉位置设置圆形人行天桥，并将它设计成为教学城的中心标志。在四个不同年龄层级的校区设计中，通过传承中式古典庭院布局和传统建筑元素植入的单体建筑设计，打造出蕴含丰富传统文化韵味、完善而舒适的教学设施和园林化的校园环境。

董志幼儿园鸟瞰图

董志幼儿园内景图

董志小学鸟瞰图

小学教学楼内景图

教学楼主走道弧形墙面采用六边形窗洞及剪纸印刷玻璃装饰，在体现童趣的同时，弘扬地方特色文化。

小学校园一角

小学图书馆

位于小学中心位置的图书馆以书籍为总体造型意向，立面细节上则以字母作为建筑“书籍纸张”形立面造型外的文化装饰元素，直观地概括、诠释建筑功能属性。虽然略显具象，但非常适宜并满足小学生的求知欲和心理认知。

职业中专鸟瞰图

职业中专校园内景图

董志中学内景图

董志中学鸟瞰图

董志中学球场

# 04

# 甘肃省庆阳市西峰天湖水景生态园规划方案

项目业主：庆阳市西峰区政府

项目地点：甘肃省庆阳市西峰区

项目功能：城市水景、生态观光、生态居住、旅游休闲、度假娱乐、博览会展等

用地面积：210.8hm²

建筑面积：1299340m²

项目状态：规划方案

设计时间：2009年

合作团队：范向光、宋晓强等

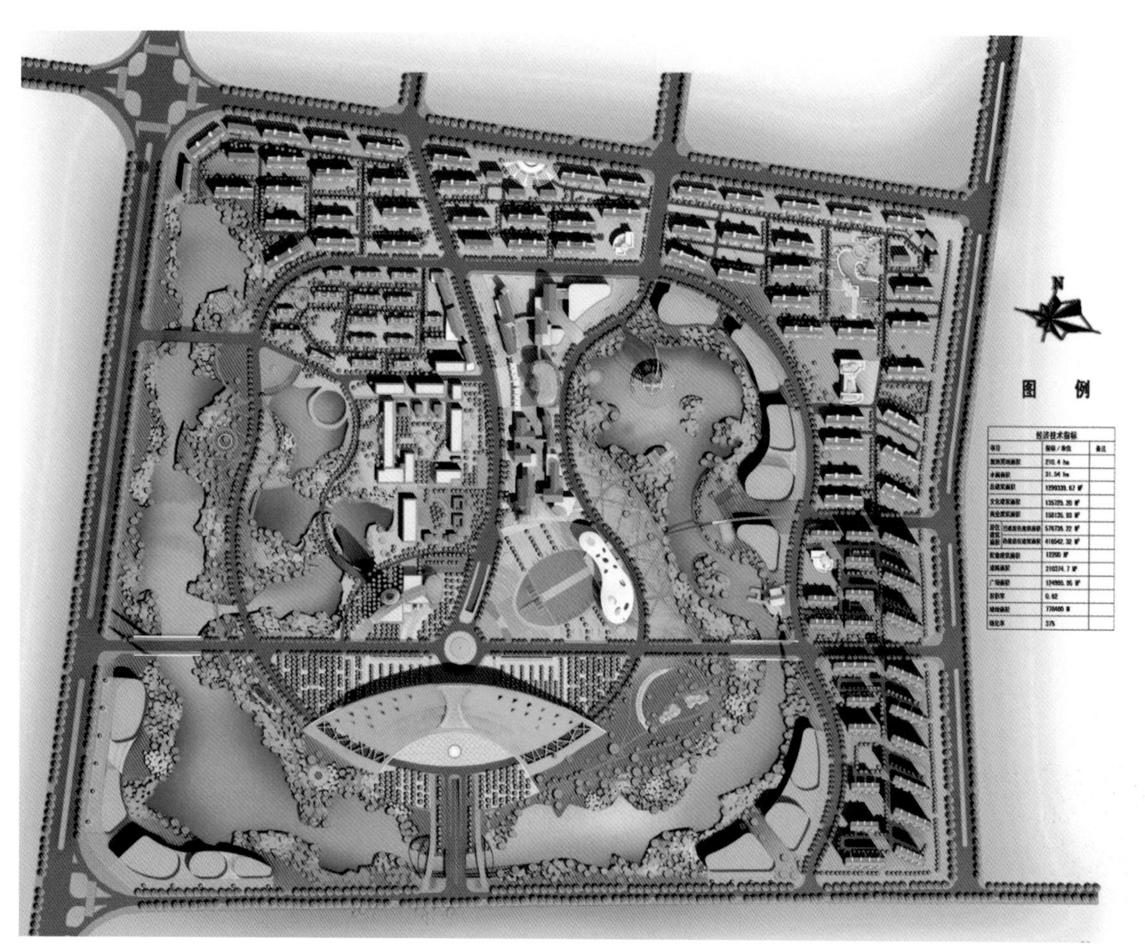


规划总平面图

根据《甘肃省庆阳市新城南区雨洪集蓄保塬生态工程可行性研究报告》，在南湖的南部和东部进一步规划了连续的水景湖泊带，并以此与南湖以及周边开发建设用地结合在一起，形成未来的“水景生态园”。按照庆阳市对水景生态园规划要求：规划区未来将形成一座集城市水景、生态观光、生态居住、旅游休闲、度假娱乐于一体的园林化片区。

设计特色：用“两轴，一核，双环，六组团”作为规划结构，在尊重和传承黄土高原地方建筑文化、当地特色农耕文化和民间传统文化的基础上突出地域特色；在协调优质水景居住区与现代商务旅游文化活动之间关系的基础上，满足现代旅游事业的功能需求，同时兼顾该项目在居住、游览、休闲、传统文化与金融商贸、文化博览等方面的功能需要。两轴是指水平景观交通轴垂直文化展示轴，一核是指中央城市博览商务风貌区，双环是指水面景观环和绿地生态环，六区就是整个规划区共分为六个功能组团。

生态园局部夜景图

传统文化步行街鸟瞰图

黄土高原传统文化博物馆效果

民俗文化广场夜景效果

民俗文化广场鸟瞰图

传统民俗文化步行街一

传统民俗文化步行街二

规划酒店、展览中心效果

展览馆中庭效果

民俗博物馆效果图

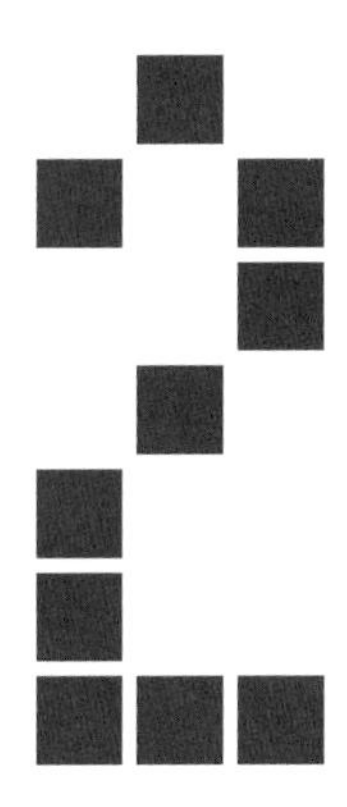

# 中原区域

## 01 河南省光山县商务中心区文化中心及文化广场

项目业主：光山县商务中心区
项目地点：河南省光山县商务中心区
项目功能：教育、培训、文化馆、行政办公
用地面积：11957m$^2$
建筑面积：10359m$^2$
设计时间：2014年
项目状态：在建
合作团队：宋晓强、刘泽坤、王臣、肖旺辉、邢克、耿毅等

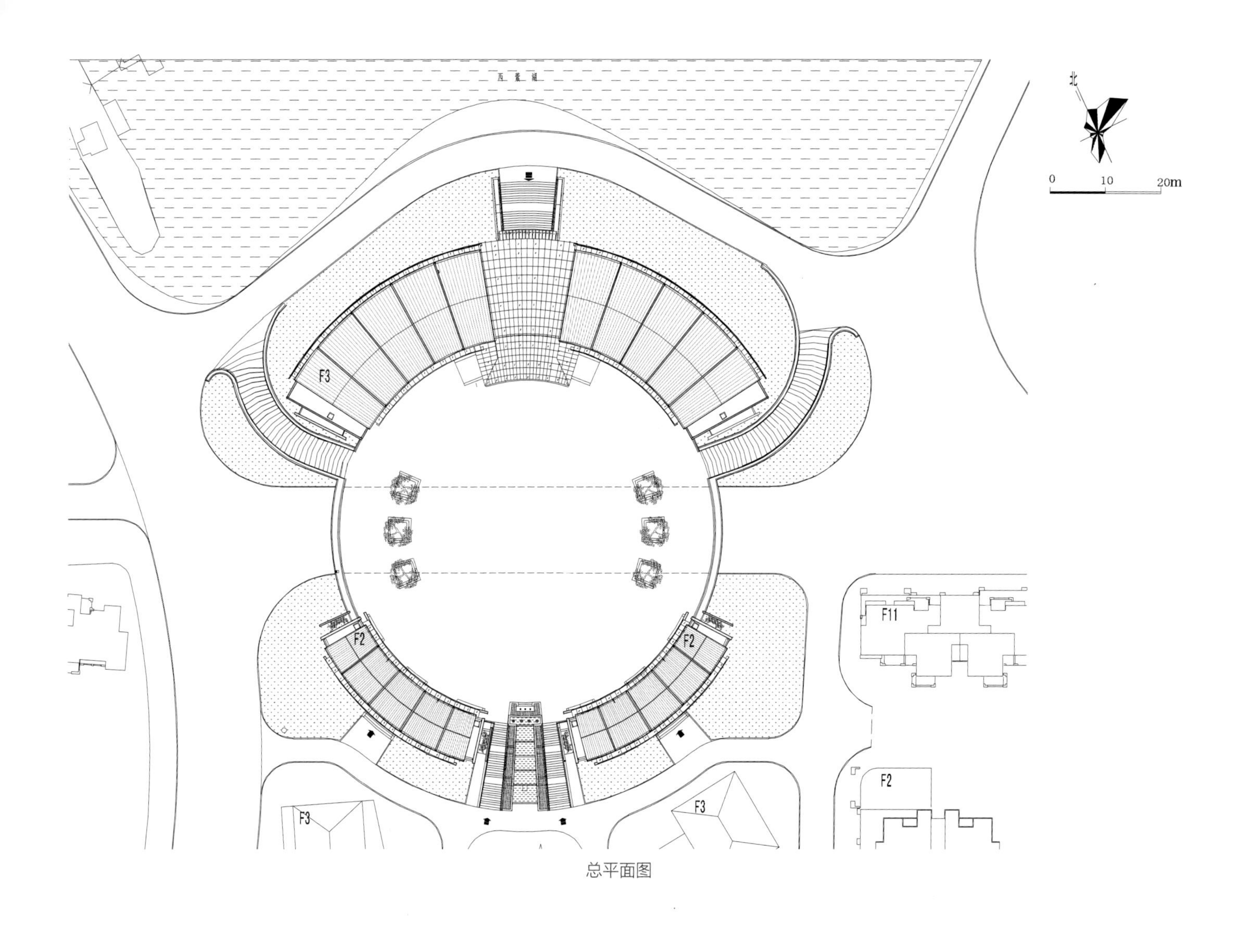

总平面图

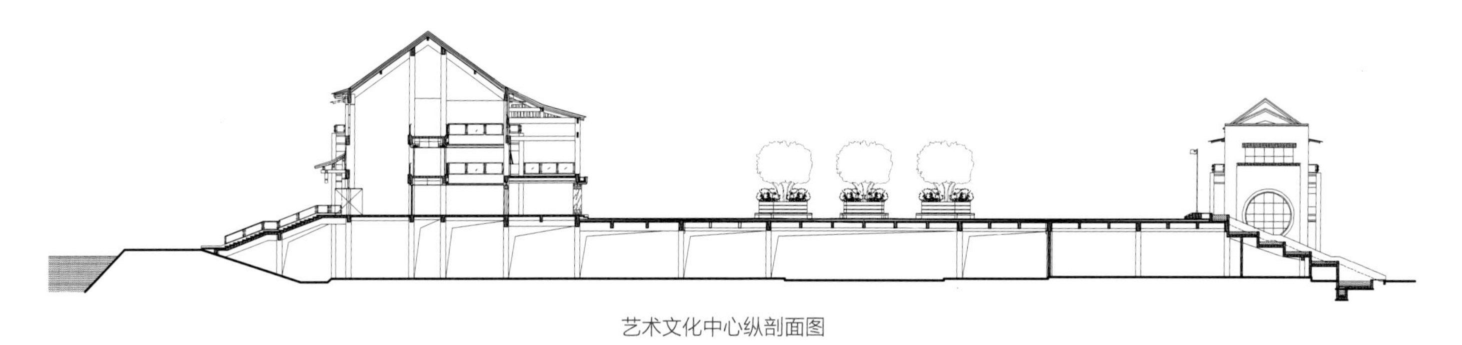
艺术文化中心纵剖面图

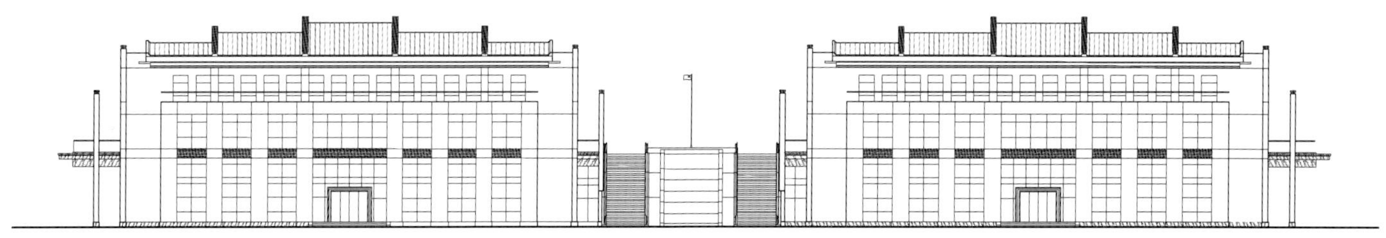
艺术文化中心南立面图

文化中心及文化广场位于商务中心区安置区的西紫湖大堤下，为安置区轴心位置。文化中心为安置区村民及其他社区居民提供生产技术咨询、教育、培训等服务，并为安置区文化活动提供场所和服务。建筑内设有社区图书馆、信息及网络服务站、文化馆、票友活动室、室外大戏台和圆形广场、安置区文化活动室、荣誉展览室等展览空间，社区大学等教育培训空间以及社区行政服务大厅等。

建筑通过神似“手表”的造型很好地契合了北面弧形湖堤及弧形大堤与下面主要道路的地形高差，也解决了独立的集会广场与道路立体交通的矛盾。建筑细节带有简约的徽派江南水乡风格，建筑与自然和谐，空间古典与时尚并存。

艺术文化中心西立面图

艺术文化中心邻水面效果图

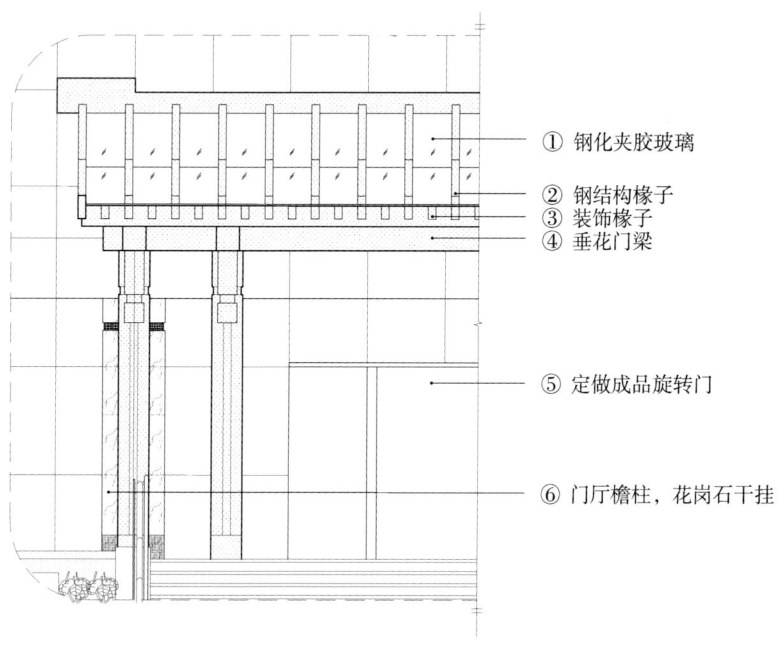


北入口雨棚立面大样图

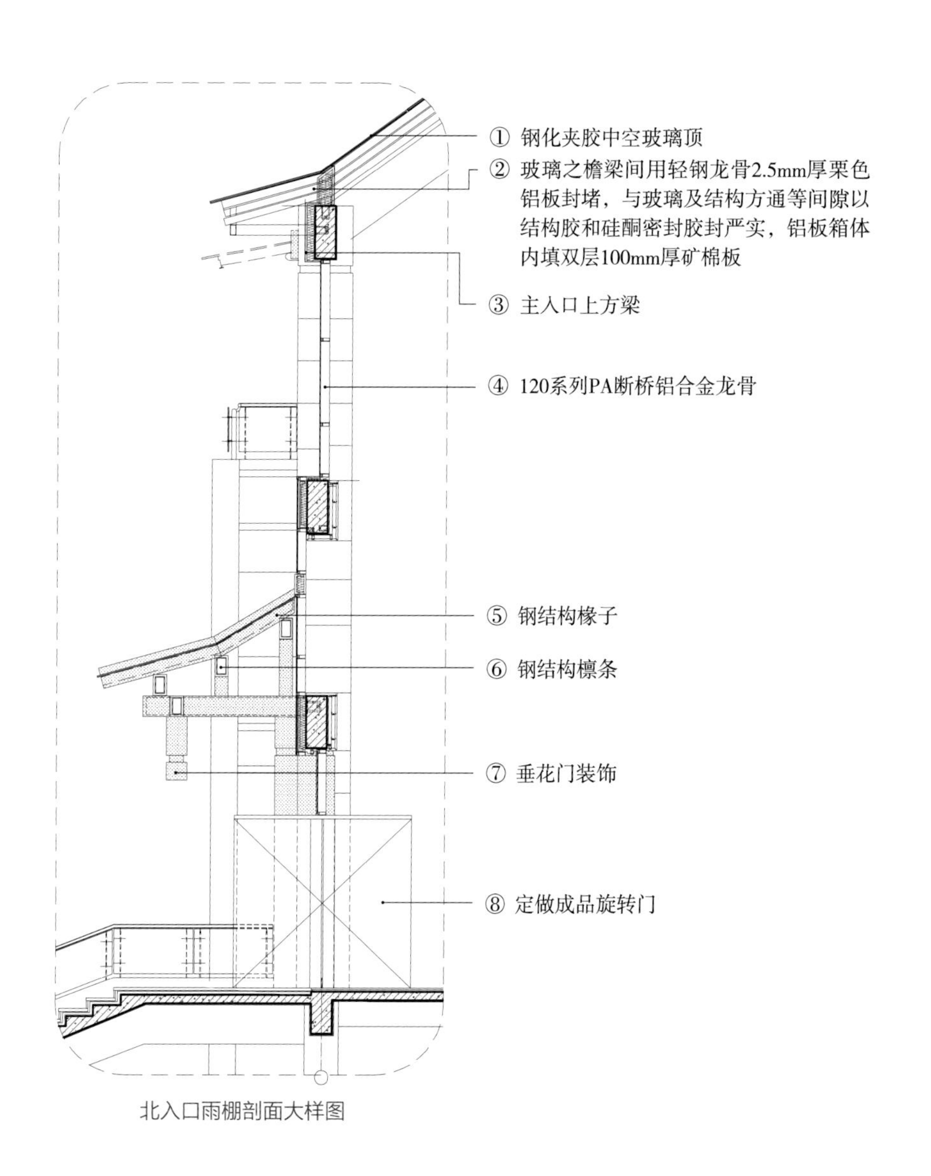


北入口雨棚剖面大样图

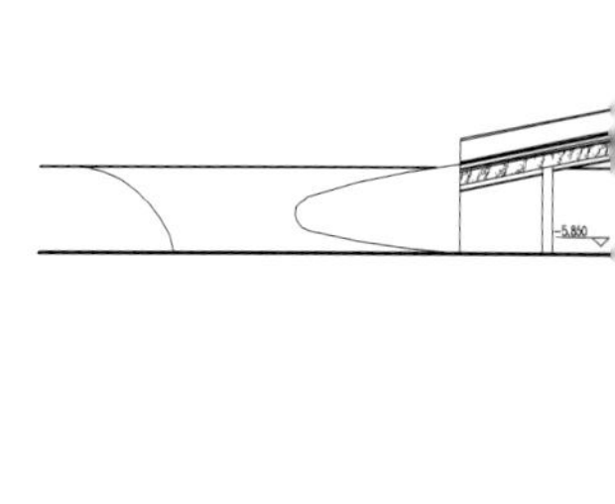

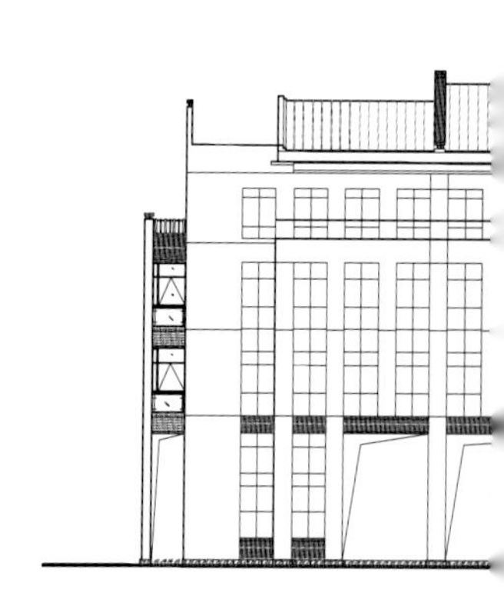

文化中心广场位置效果图

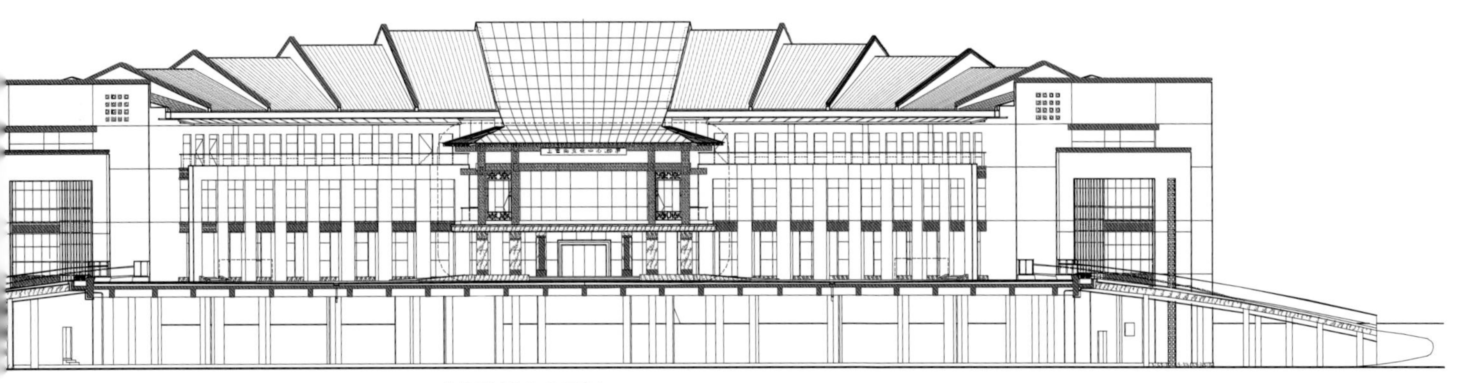

广场位置南立面图

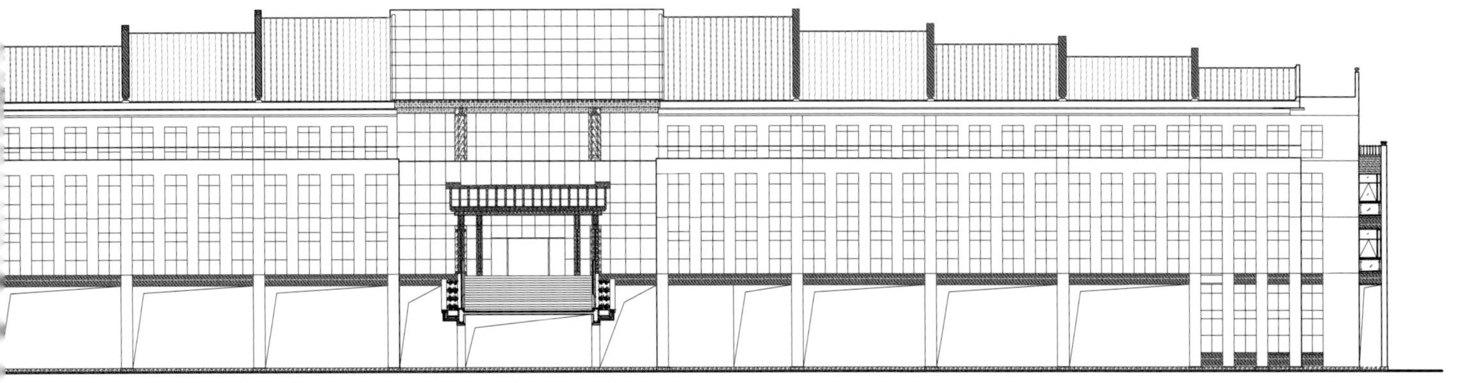

艺术文化中心北立面图

# 02

# 河南省光山县文殊乡东岳村游客中心及文化中心

项目业主：光山县文殊乡东岳村

项目地点：河南省光山县文殊乡东岳村

项目功能：文化展示、游客服务、特产零售、餐饮服务

用地面积：16619m²

建筑面积：1255m²

设计时间：2016年

项目状态：部分建成

合作团队：黄刚、应聪、王臣、刘泽坤、龚锐等

游客及文化中心效果图

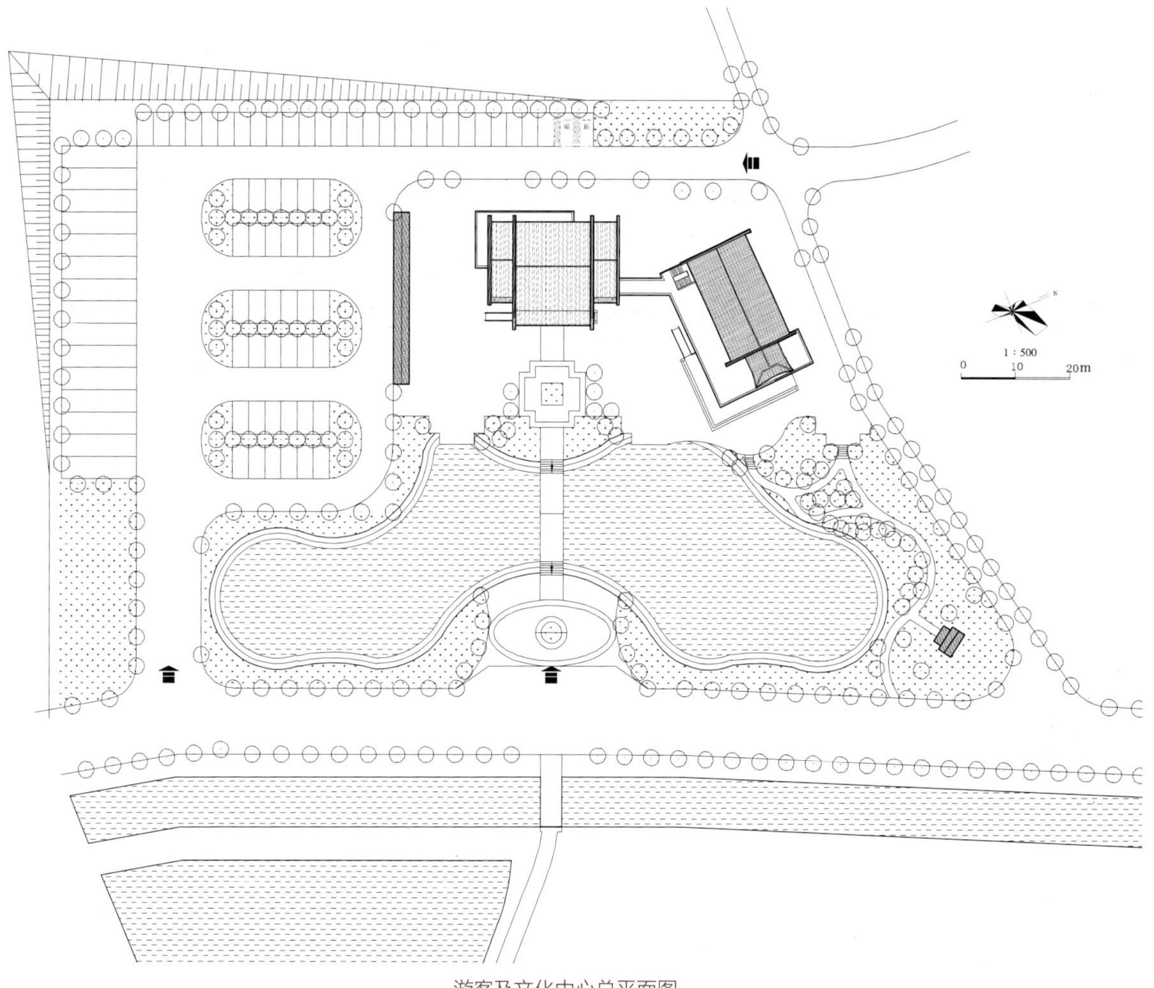


游客及文化中心总平面图

光山县文殊乡东岳村是中国传统村落，村内有古庙东岳寺和不少有价值的传统民居，也有李先念故居等红色景点，同时还是河南省国家非物质文化花鼓戏的传承地。根据国家传统村落保护和乡村振兴需要，建设游客中心及文化中心。此项目选址于该村口的一处废弃池塘边上。

设计的手法完全运用古典造园手法，将游客及中心主体建筑布置在池塘对岸，运用当地产的红石板跨池塘架桥将景观轴线引导到主干道上。按照游客和文化中心的功能区分，也结合中式传统建筑小体量组合布局的传统模式，建筑物拆分成几个小体型，中间以连廊连接，以满足二层交通联系需要和现行规范的疏散要求；在池塘东面，利用池塘角上现有取水井的特点，巧妙结合古井和新扩建的高位水箱、泵房，设计成村口标志塔；在池塘西北面规划了游客大巴、小汽车和电动车、自行车停车场和仿古停车棚。共同构成带有传统特色的半开敞园林庭院式游客及文化中心院落。

作为展示东岳村传统村落旅游资源和包括国家非物质文化在内的传统文化的载体，该建筑的形体和空间环境营造被村委会格外重视。本次设计的特色在于充分尊重了传统村落的地域文化，结合古典园林设计手法，为传统村落的保护和文化传承做了很好的尝试。

虽然该项目目前仅建设了其中的一部分，甚至园林景观目标大部分还没实现，但其与周围环境一起，文化引领效果已经凸显，结合该村庄在脱贫攻坚、乡村振兴方面的突出成绩，该建筑所在区域已经受到了包括央视和省级电视台的陆续报道，也使得该建筑已成为重要的旅游打卡地。

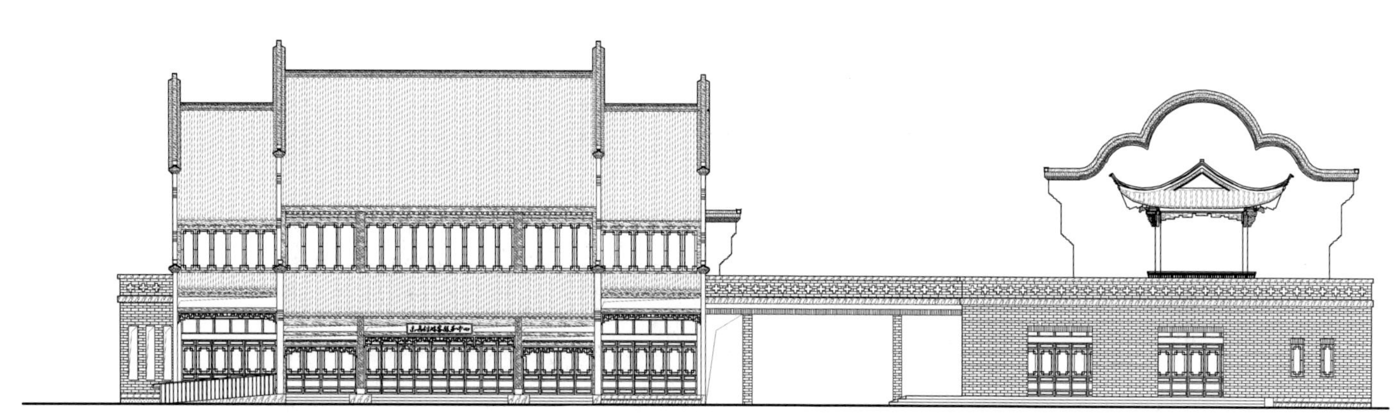

游客及文化中心立面图

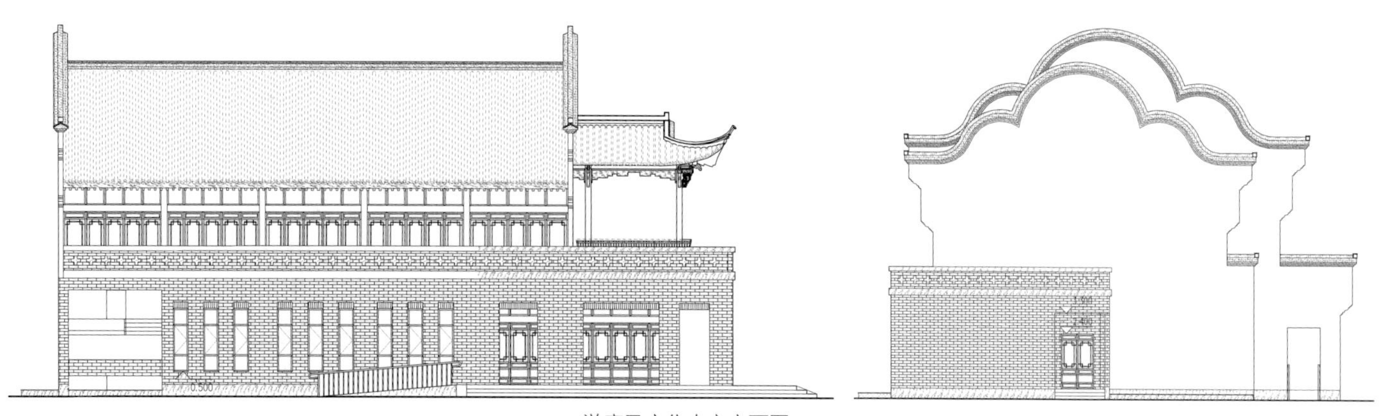

游客及文化中心立面图

# 03

# 河南省光山县槐店乡晏岗村游客中心及

项目业主：槐店乡晏岗村

项目地点：河南省光山县槐店乡晏岗村

项目功能：展示、商业服务、餐饮、自行车服务、群众活动及演出

用地面积：8085m²

建筑面积：1620m²

设计时间：2014年

项目状态：建成

合作团队：黄刚、宋晓强、王臣、刘泽坤、龚锐等

光山县槐店乡晏岗村游客中心和文化广场分别位于该村村委会办公院落的两侧，游客中心在村委会西边的一口低洼的池塘边，文化广场则位于村委会东边的一口月牙形池塘边上，二者间是两层高的村委会小楼。整体规划设计时将村委会改扩建，一起建设成该村的游客及文化活动中心。

游客中心设计时合理利用了西面低洼池塘的高差，设计了架空层，架空层北面是游客中心自行车驿站的自行车停车及维护服务用房，架空层的南侧为餐饮服务的厨房和库房。

而文化广场的设计则合理利用现有月牙水塘作为构图主体，在池塘与村委会之间设计了椭圆的文化大舞台和群众活动广场。

项目规模虽不大，但通过对地域文化的解读，古典建筑及园林手法的运用和现代材料及工艺的演绎，在新地域主义建筑理论及实践方面，做了一次深入的探索，为乡村文化振兴做了一次有益的诠释。虽然当前只有文化广场部分建成，游客中心还未完工，在建成的文化广场部分已经开展了包括“央视乡约”在内的多次大型社会文化活动，取得了很好的社会效果。

总平面图

游客中心效果图

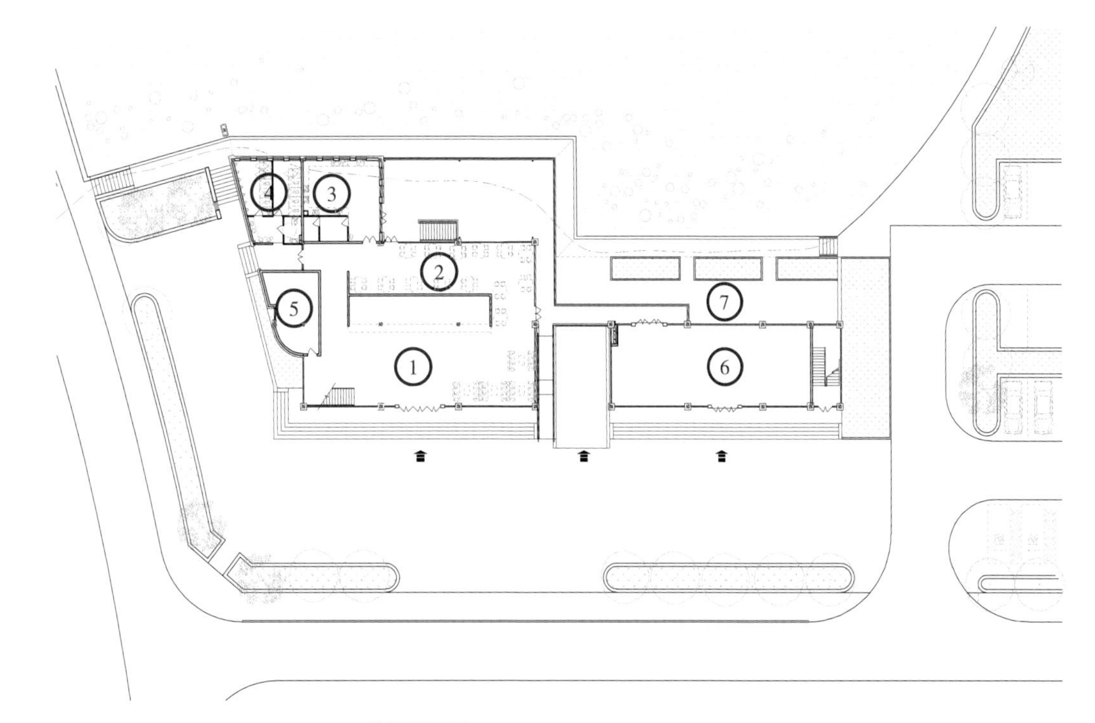


1 游客服务
2 餐饮
3 厨房
4 公厕
5 寄存
6 土特产商店
7 自行车驿站（架空层）

首层平面图

文化广场入口效果图

文化广场东部休闲区景观

游客中心鸟瞰图

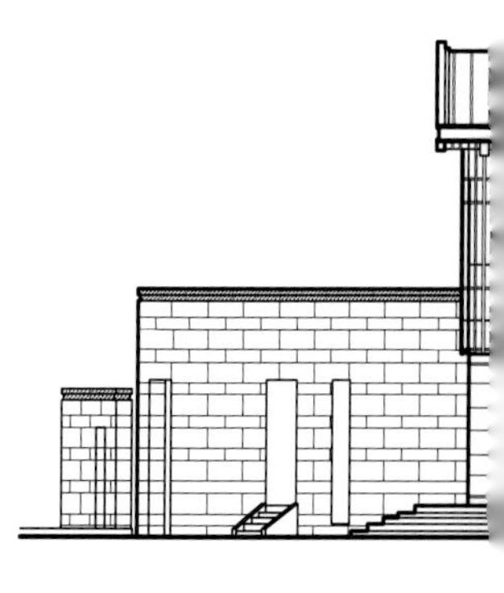

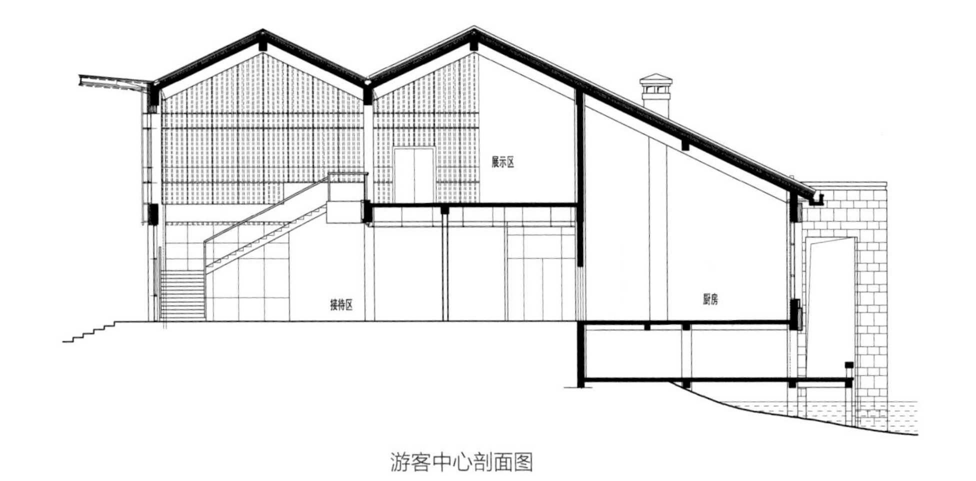


游客中心剖面图

游客中心侧立面图

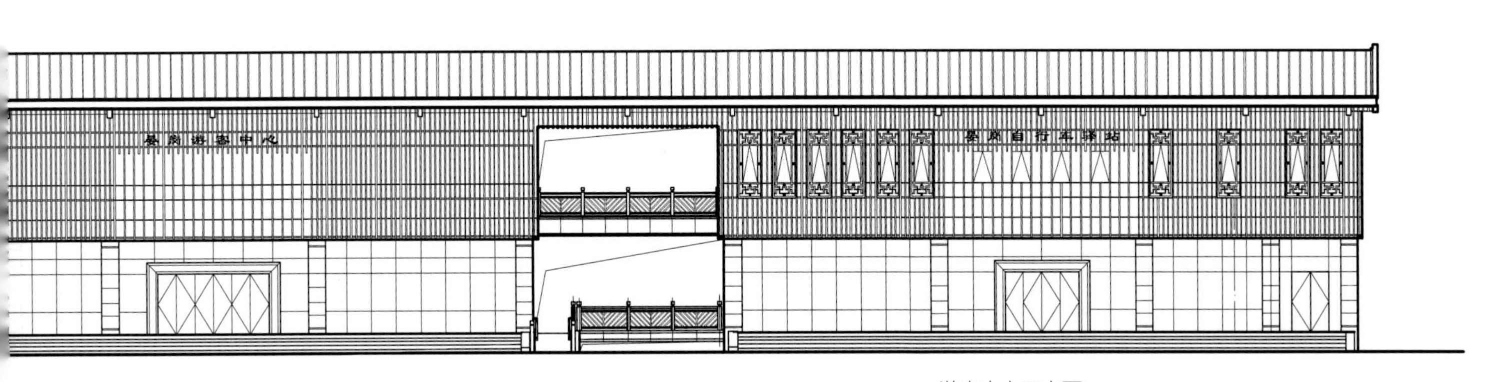

游客中心正立面

# 04

# 河南省光山县沐水书院

项目业主：光山县政府

项目地点：河南省光山县官渡河区域

项目功能：博物馆、陈列馆、园林景观

用地面积：16874m$^2$

建筑面积：6285m$^2$

设计时间：2016年

项目状态：规划方案

合作团队：黄龙、龚唯、张毅、陈珍、叶子怡等

光山县沭水书院选址在县城弦山桥西侧的官渡河北岸，该区域东面现有望水楼广场，经同项目主管沟通，创作时拟与已经建成的望水楼广场融合规划，以便相互促进，扩大书院、望水楼区域的旅游效应，甚至将望水楼及望水楼广场纳入，成为书院的一部分，丰富和完善成官渡河沿岸的核心景点。

沭水书院是为了纪念从出生到童年一直在光山县的历史人物——司马光。建筑功能包括纪念馆、博物馆、典型地方特色民居保护和陈列馆。为了尽量规避人造景点缺乏历史感的问题，增加历史厚重感，拟将大别山区一处收藏完整的进士宅院、石牌坊，以及几栋区域内拟搬迁的特色民居等，规划到用地范围内。

设计运用了古典园林手法，通过垂直相交的两条轴线控制全局。南北为主轴线，书院的司马光纪念馆及博物馆、进士宅院、石牌坊贯穿这一主轴线布置；东西为沿河文化景观轴线，也是本书院的次轴线，这一轴线自望水楼东入口起、到达书院第二级院落。为了沿河景观的延续发展，书院第二级院落半开敞设计，沿景观轴线在基地内东西开门，以适应景观及交通一直向西延展，增强了沿河景观的生命力。

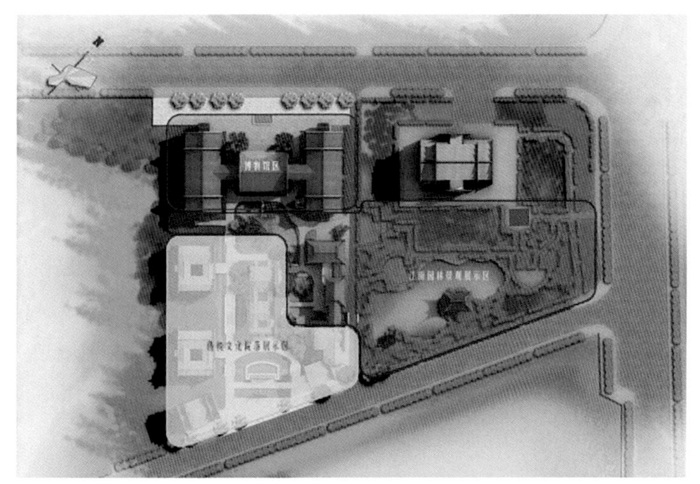

总体规划图

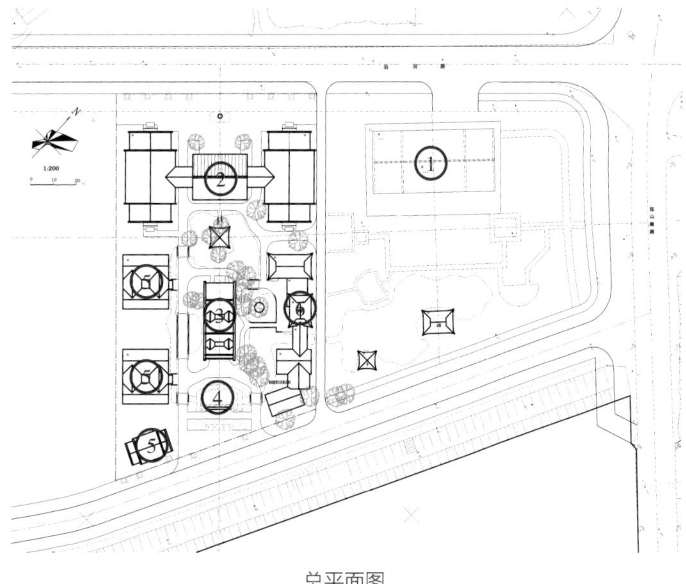

1 现状已建望水楼
2 司马光陈列馆
3 异地搬迁进士第
4 异地搬迁古典牌坊
5 当地古典民居陈列馆
6 配套商业

总平面图

从望水楼一侧看书院内院效果

书院内院效果

# 05

# 中国平煤神马集团创新创业基地

**项目业主：**中国平煤神马能源化工集团有限责任公司

**项目地点：**河南平顶山市

**建筑功能：**实验研发、行政办公、生活辅助

**用地面积：**净用地为36.08hm$^2$

**建筑面积：**981407m$^2$

**设计时间：**2019年

**项目状态：**方案

**合作团队：**黄龙、陈珍、张毅、叶子怡等

马集团

创新创业大楼区域鸟瞰图

项目位于平顶山市新区，东临平顶山市府，西靠高铁站发展区，南接国家湿地公园和应国遗址湿地公园，整体风水极佳。

方案根据场地条件，采用中轴对称的建筑布局，结合景观，引水入园，打造高品质的景观环境，与南面的国家湿地公园形成呼应。

功能布局充分考虑使用单位的工作习惯，将不同类别的功能单独布置，整体建筑采用适度体量，分散布置，杜绝不同工种之间的相互穿插和干扰。规划分为办公区、研发区和试验区，每个功能区单独设置门禁管制，提高办公安全性。

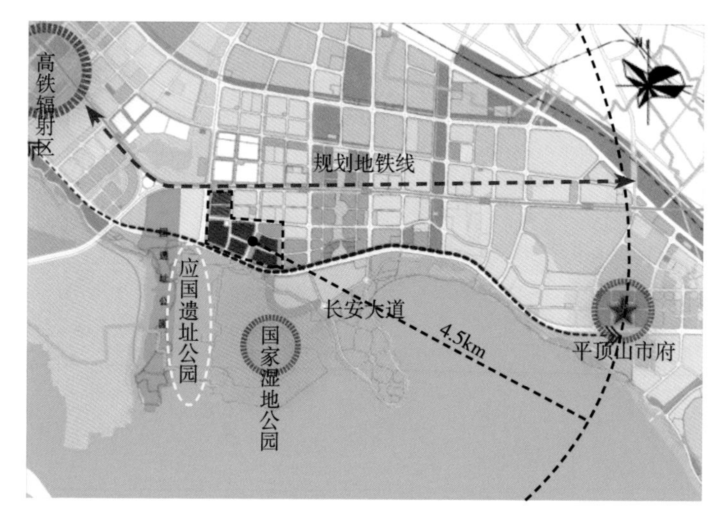


周边环境分析图

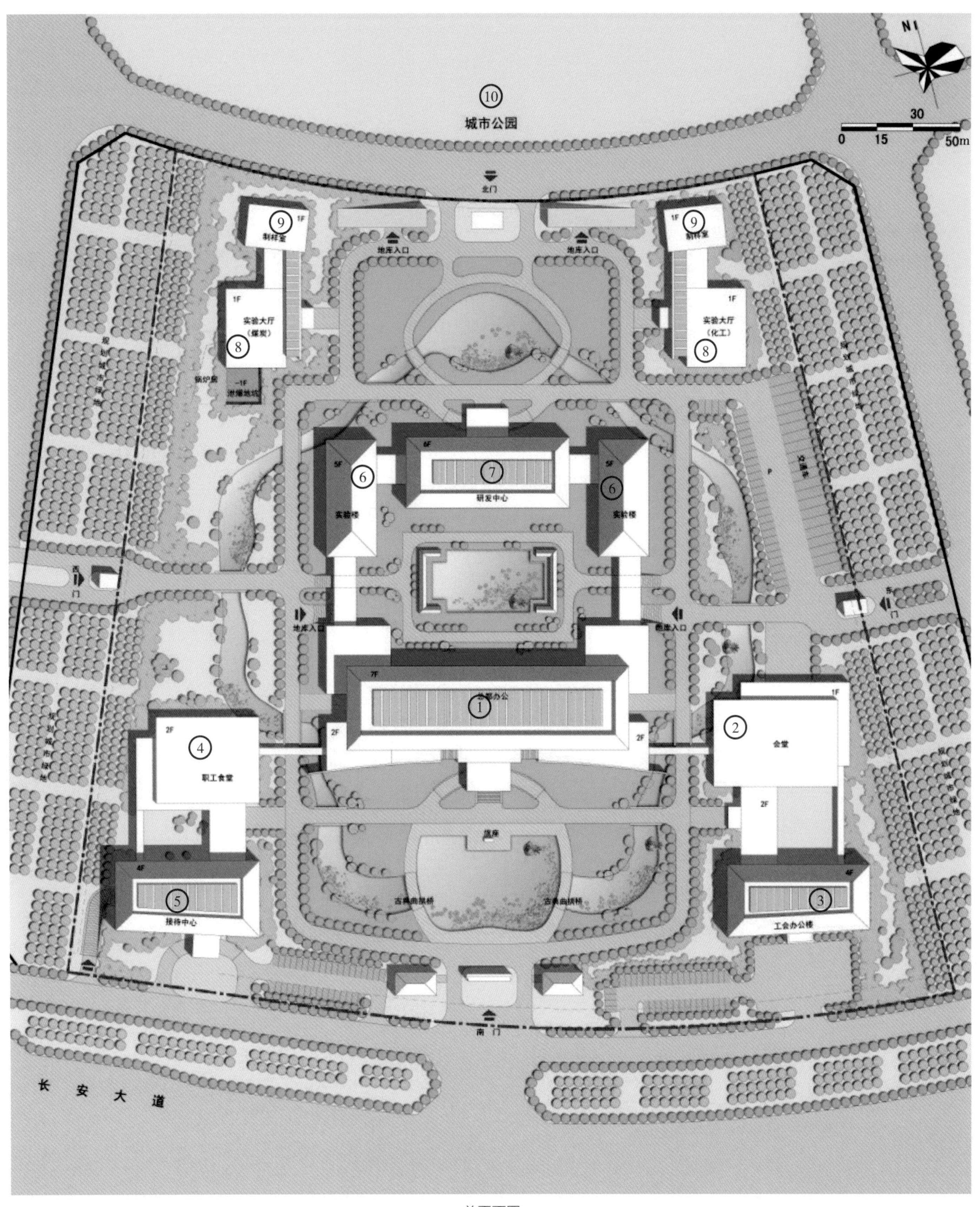


总平面图

1 总部办公
2 会堂
3 工会办公楼
4 职工食堂
5 接待中心
6 实验楼
7 研发中心
8 实验大厅（煤炭、化工）
9 制样室
10 城市公园

方案一鸟瞰图

方案二鸟瞰图一

方案二鸟瞰图二

通过对选址区域文脉的挖掘分析，仔细研究选址区域的主要文化元素，特别是比邻平顶山新区的国家湿地公园和应国遗址湿地公园，二者已经有了传统中式规划和建设意向的公园是本项目的主要借景要素，本项目也必将是这两个公园的外部背景，和这两个景观要素相协调，将是我们这次设计的最好选项。因此，我们运用新地域主义创作手法，以现代材料、工艺和建造方法，以演绎新中式为主作为方案基调，区分古典元素特色的强弱，完成了三组规划布局相似，外观及局部单体布局稍有区别，整体风格有较大区分的不同方案。虽然，还没有最后确定建设方案，以简中式为基调的新地域主义理念还是获得了大部分项目决策者的认可。

方案一中心广场效果图

方案三中心广场效果图

# 江汉
# 区域

**项目业主：** 某军事指挥学院

**项目地点：** 武汉市该军事指挥学院院内

**项目功能：** 球类运动馆、恒温游泳池馆、体能训练馆等

**用地面积：** 24513m²

**建筑面积：** 33138m²

**设计时间：** 2010～2011年

**项目状态：** 建成

**合作团队：** 黄刚、万博、李建波、邢克、郑万兵、耿毅等

综合运动馆鸟瞰

某学院综合运动馆位于该学院西南角，北临学院运动场。主要功能由多功能体育馆、乒乓球训练馆、游泳馆和健身训练中心组成。建筑主体运用钢骨混凝土加管桁架的结构形式，装饰材料主要为铝锰板、铝板和玻璃幕墙。整体造型突出体育建筑的动感与活力，展现现代体育建筑“健与美”的个性特征。

动感的穿插造型和通透的中庭空间，既巧妙地解决了多种功能人流交叉的难题，又很好地引入了自然采光和通风，减少了大体量体育馆对空调的依赖，创造了绿色、和谐、健康的运动环境。

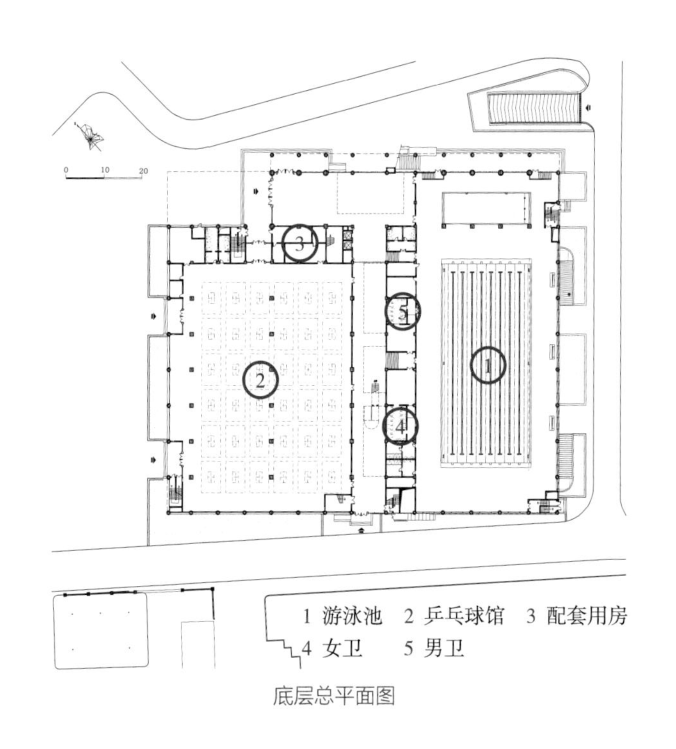


底层总平面图

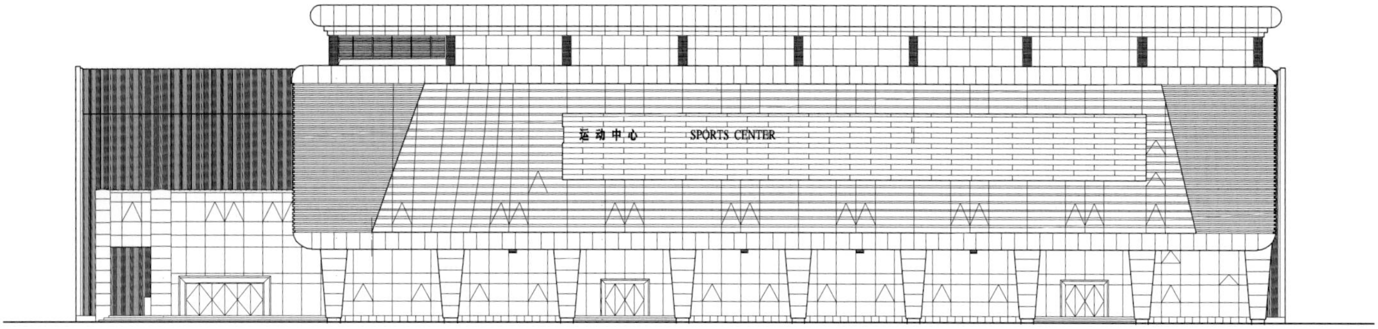

西立面

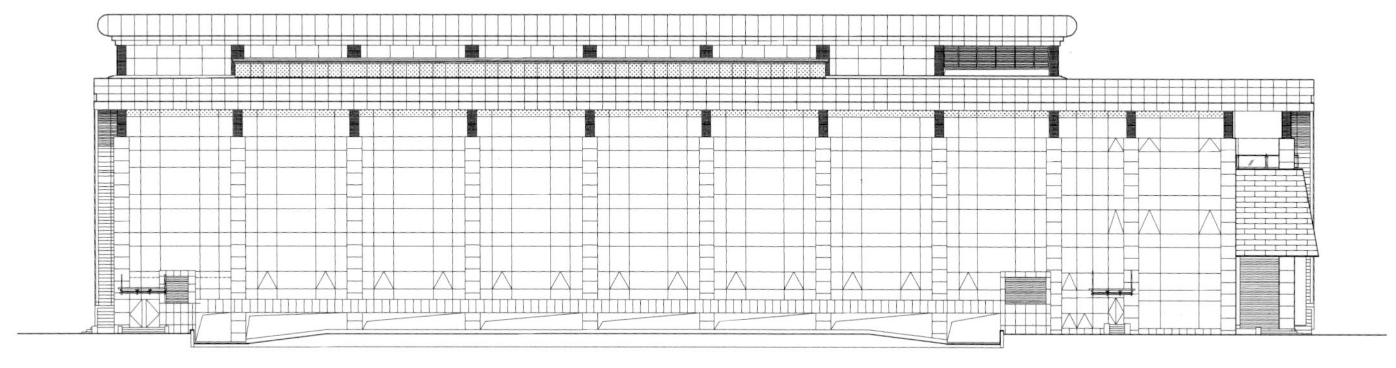

东立面

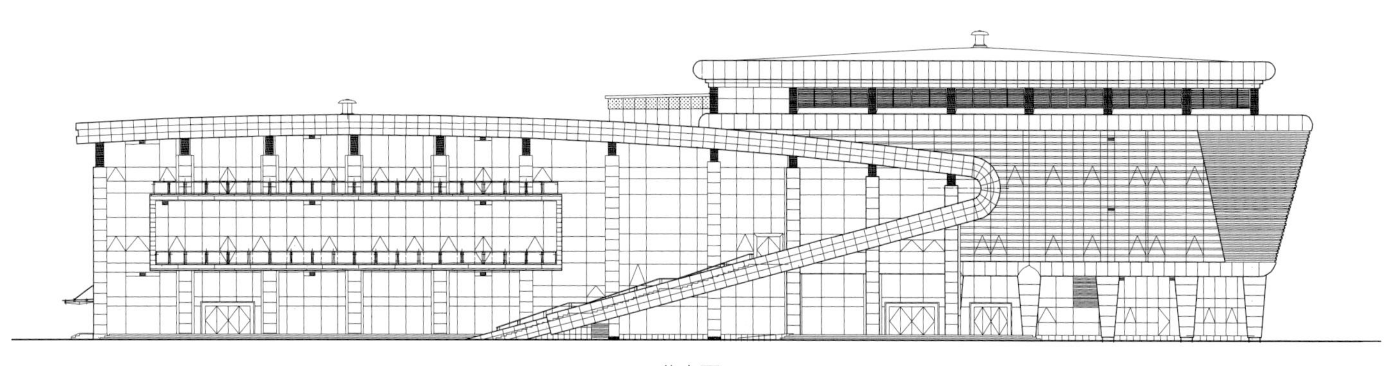

北立面

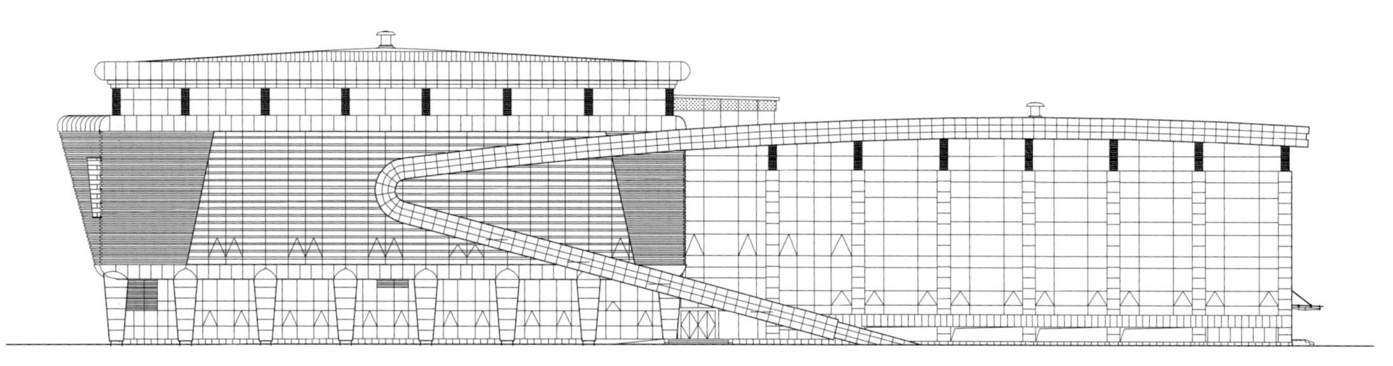

南立面

综合运动馆校园内侧入口

出挑的健身馆

场馆立面局部

二层综合馆内景

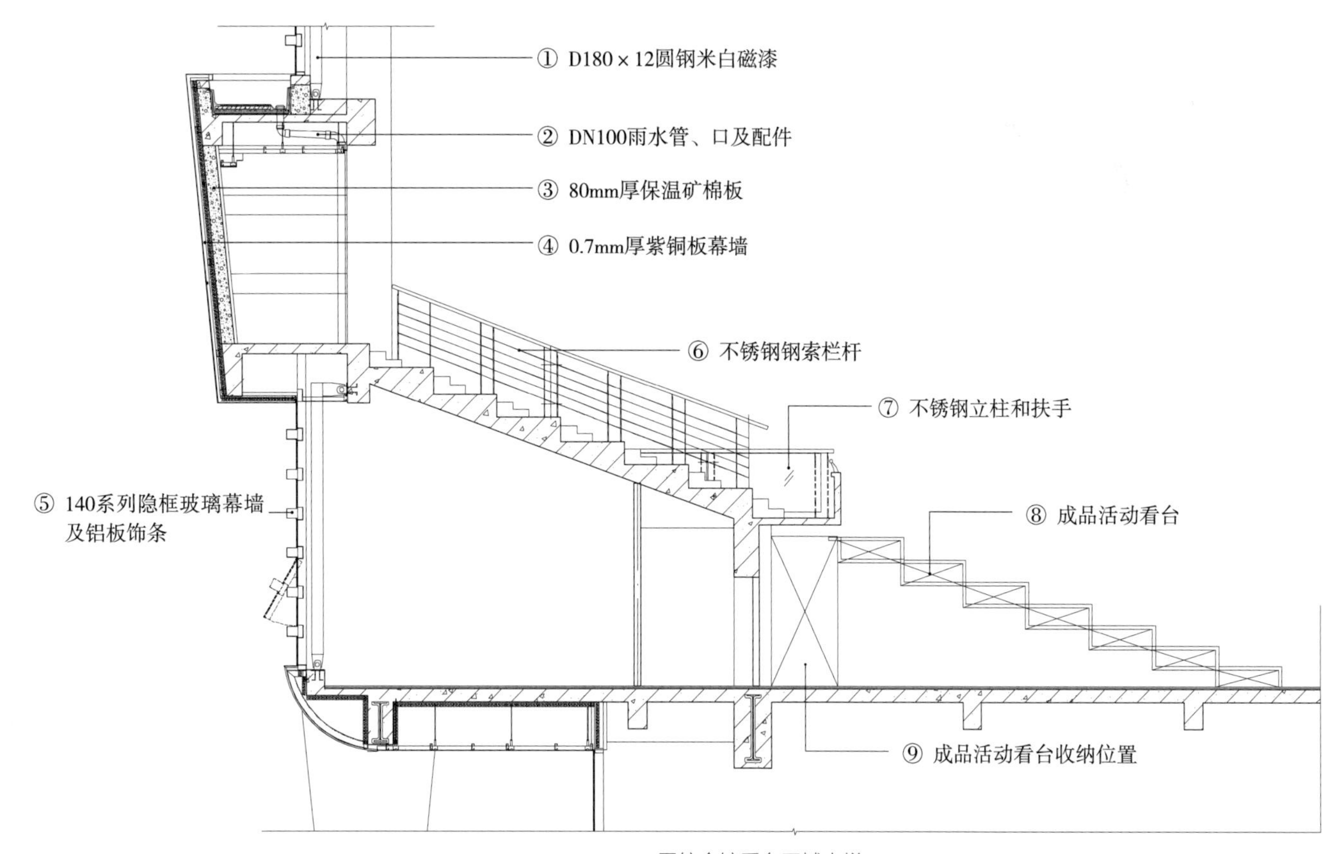


二层综合馆看台区域大样

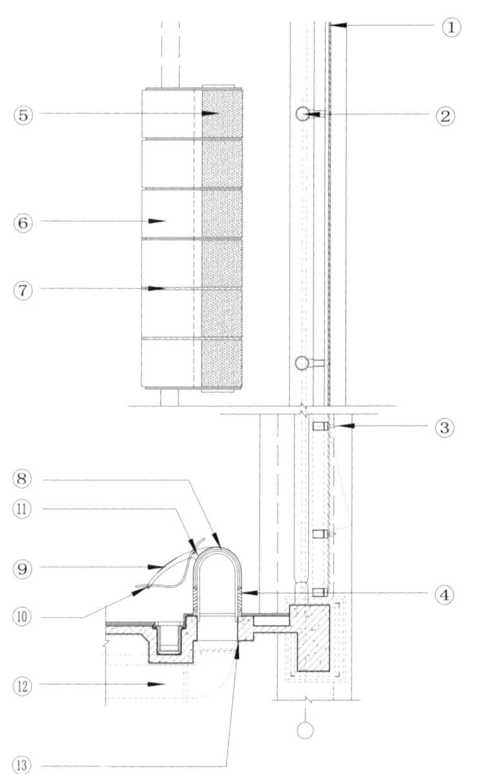

1 8（Low-E）+9A+6中空钢化玻璃
2 D180×12圆钢米白磁漆
3 不锈钢饰条
4 米白色铝合金百叶
5 2.5mm厚穿孔铝板穿孔直径5mm，穿孔率40%
6 铝合金板椅子面包革质椅面
7 12mm厚不锈钢板沿桌位@600
8 2.5mm厚穿孔铝板穿孔直径5mm，穿孔率40%
9 12mm厚不锈钢板沿桌位@600
10 30钢质椅子支架轴
11 铝合金板椅子面包革质椅面
12 回风管
13 石棉橡胶垫圈

游泳馆外侧结合休息座椅设置的空调回风口大样图

游泳馆建成后效果

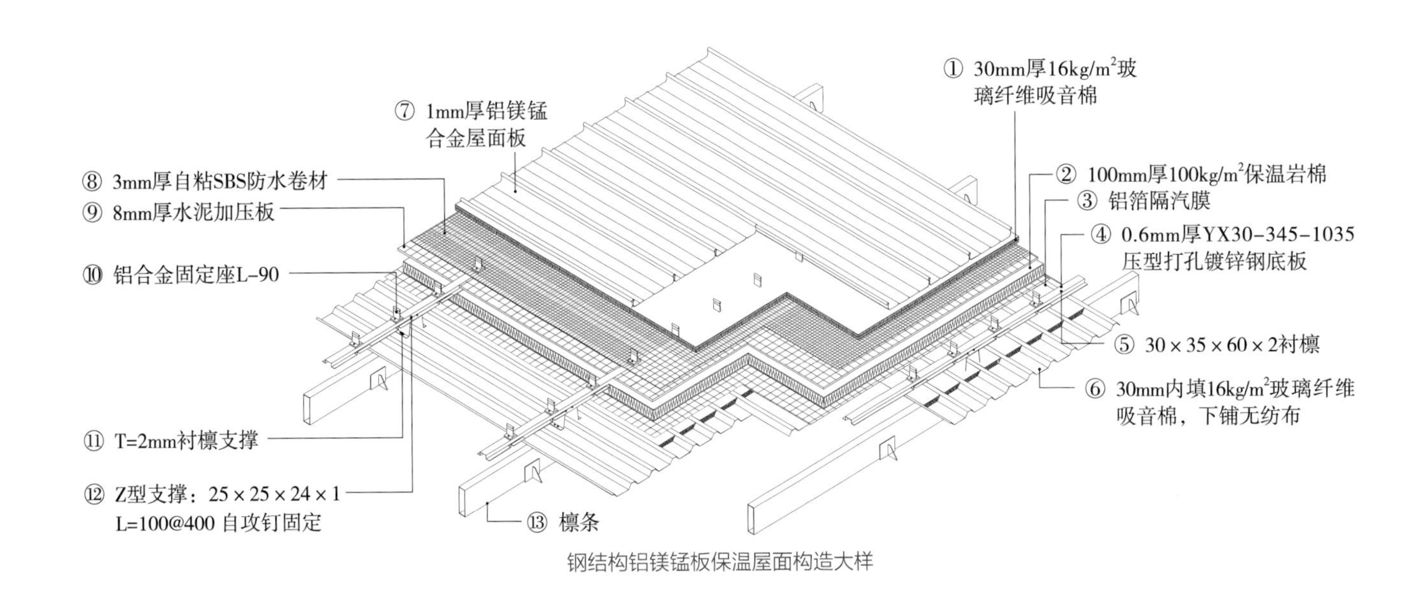


钢结构铝镁锰板保温屋面构造大样

建成后的综合运动馆鸟瞰效果

# 02

# 某军事指挥学院图书信息大楼

项目业主：某军事指挥学院

项目地点：武汉市该指挥学院内

建筑功能：图书馆、信息中心

用地面积：6303m$^2$

建筑面积：10462m$^2$

设计时间：2016年

项目状态：部分建成

合作团队：黄龙、王臣、刘泽坤、张毅、龚锐等

广场方向的图书馆鸟瞰效果

本图书馆是在老图书馆旧址上新建的，馆址的东、北、西三面皆有宿舍，南面也被校园干道限定，用地狭小，而功能需求却相当多样。新建的图书馆需容纳650人报告厅和两个200人以上多功能厅，除满足80万册藏书图书馆的功能外还要包含3000m$^2$的信息化中心的各种功能用房。

作为多轮筛选后的中标方案，本方案在建筑空间细节设计上做到了空间体系的合理性和集约化。设计中通过大空间的竖向设置以及形体构图的巧妙布局，既妥善解决了用地狭小与功能空间要求多样之间的矛盾，也很好地契合了校园规划。

建筑造型既体现了图书馆特色，也彰显了该学院的独特个性。

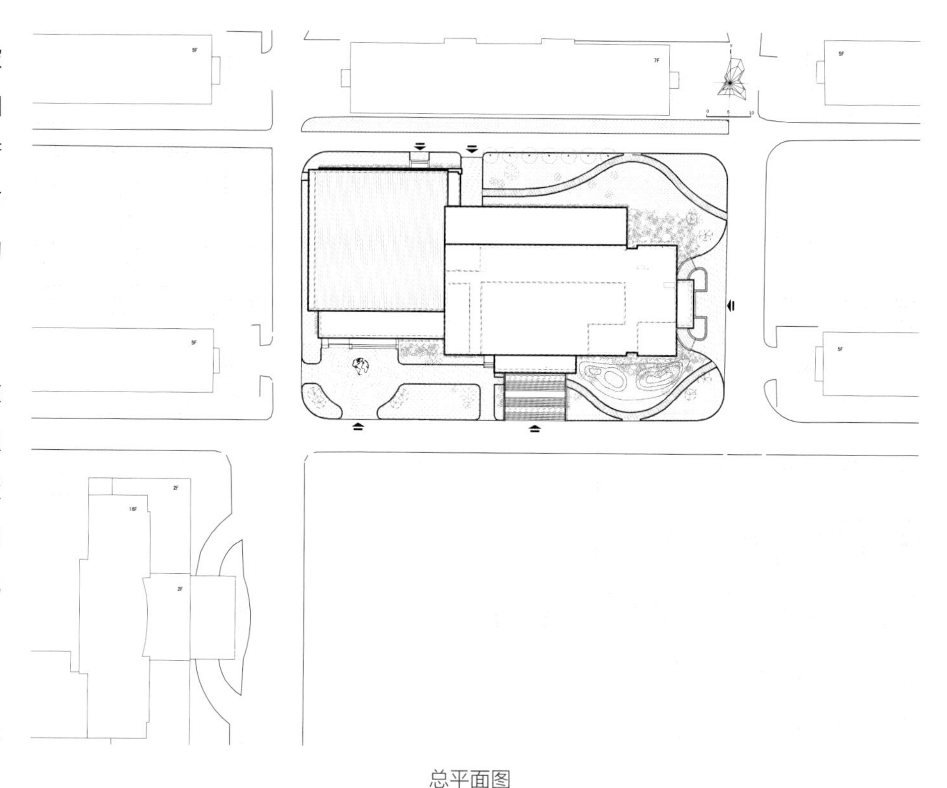

总平面图

门厅大堂效果

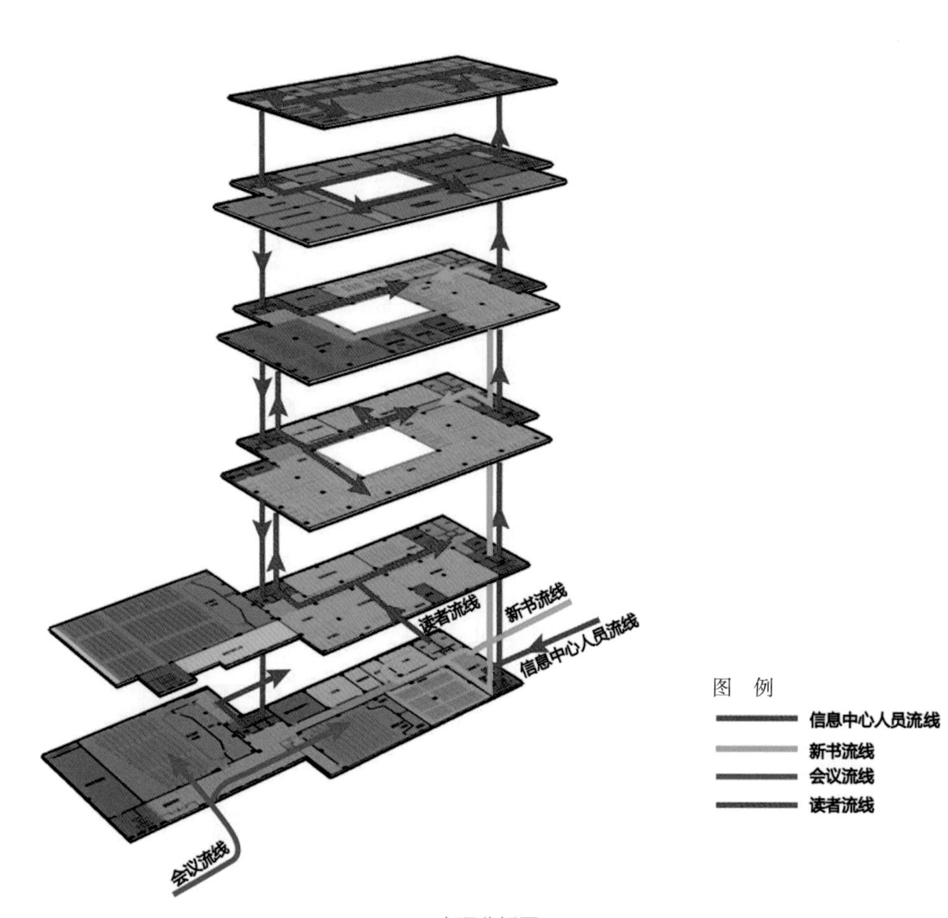


交通分析图

正立面效果图

东立面效果图

西立面效果图

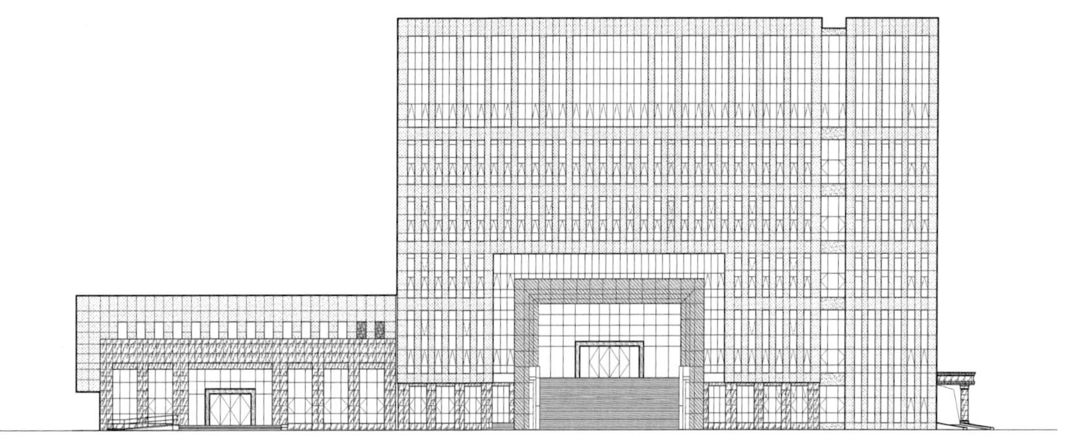

南立面图

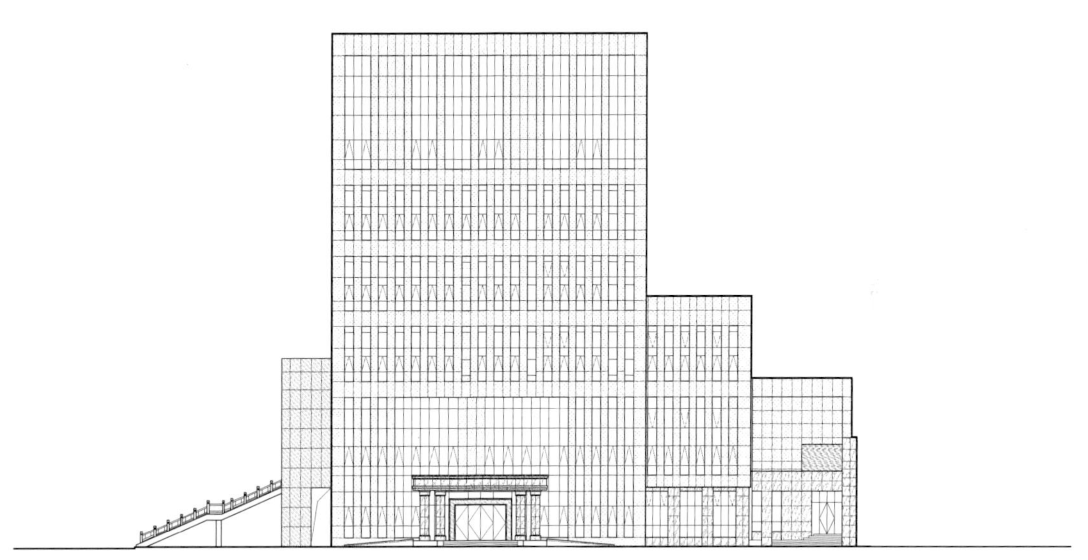

东立面图

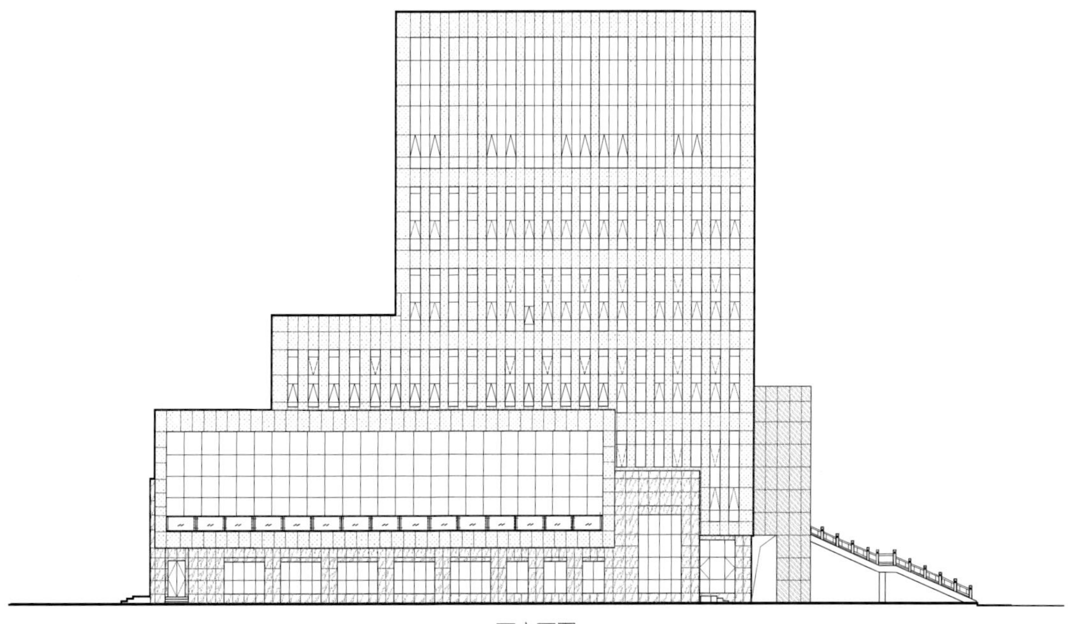

西立面图

# 03

# 中南财经政法大学逸夫图书馆

项目业主：中南财经政法大学

项目地点：武汉市中南财经政法大学南湖校区

项目功能：图书馆、博物馆

用地面积：27100m²

建筑面积：25600m²

设计时间：2002年

项目状态：建成

合作团队：钟福平、陈旻、王明喜、张凤国、张建民、陈千应、胡家运等

逸夫图书馆在空间布局上呈“X”形，寓意作为新时代高校的多功能信息载体，它将是激发思维，充满奥妙，同时又是带给读者更多疑问和求解的殿堂，“X”形空间布局也赋予建筑形象以信息枢纽意向。在“X”形平面交叉位置设计共享中庭，中庭上下扩展，并以绿化，观光电梯和主要楼梯围绕其间。中庭首先起到室内景观视觉中心和交通核的作用，而利用“X”形空间布局自然地界定了大的功能分区，在“X”形平面的四个相对独立的分支设置阅览室，并在三、四、五层，将四个分支的阅览空间两两相通，构成连通的大阅览室的格局，这样中庭又起到界定空间的作用，“X”形布局使得功能分区清晰、简洁、合理。设计时在“X”形建筑平面的南北各设一个广场，东西各设一个庭院，与环行道路系统相通，外部交通便利。内部利用中庭作为交通核心把平面各个方位及空间上的交通紧密联系起来，既做到交通导向清晰、组织流畅，又使每一个阅览室都远离这一较嘈杂的交通核而伸向宁静的自然，动静分区巧妙合理。

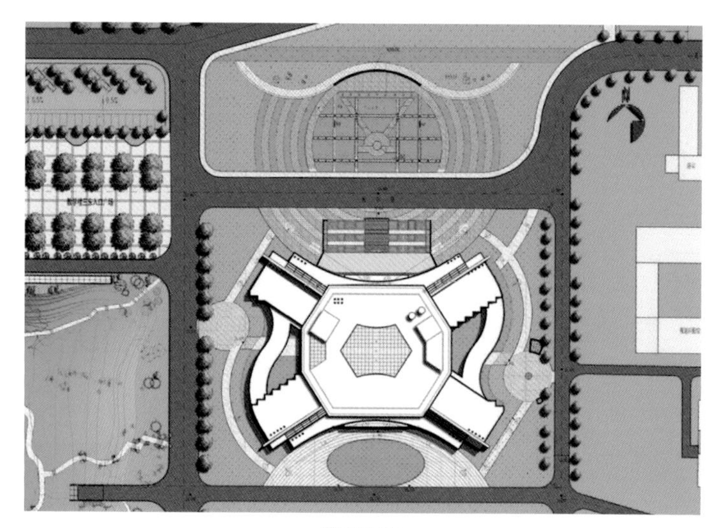

总平面图

南广场视角

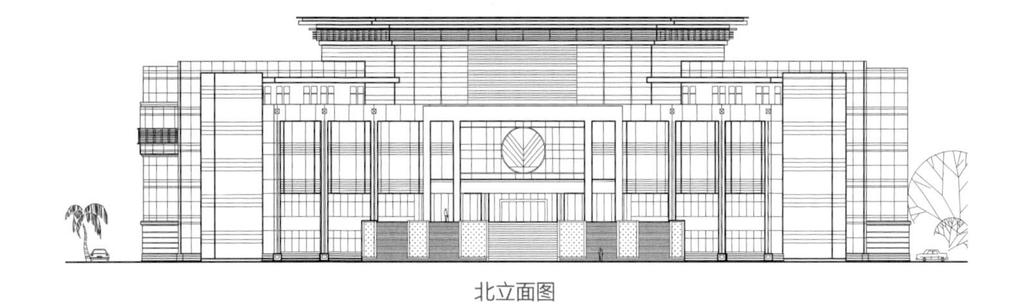

北立面图

西立面图

逸夫图书馆在造型设计上高格调简洁明快，充分赋予其高校文化内涵。布局及细节上运用内庭院、玻璃中庭、柱廊等，内外细部都采用简洁、细腻、精致的材料，充分展现其材质的对比。近观精致、细腻，远看简洁、明快、格调高雅，结合庭院绿化、中庭立体绿化、屋顶花园绿化以及入口流瀑、广场绿化、庭院小品等，与基地自然和谐统一、情景交融。

北广场视角

北广场视角

东广场视角

二楼博物馆入口

东、西立面的“S”形高空曲廊架空高度30米，为配合建筑造型的需要，设计时采用框支柱作为竖向支撑，水平采用箱型结构以跨越较大的跨度，并引入桥梁的设计概念，严格控制结构的裂缝和挠度，使得“S”形廊桥造型在建筑与结构设计之间实现了“力与美”的巧妙结合。

西立面设有24m×30m（宽×高）大面积的玻璃幕墙，设计时采用双向鱼腹式桁架作为主受力构件，中间采用拉索点支式玻璃幕墙，计算采用3D3S7.0和SAP2000及钢结构应用软件Fram程序，通过比较、调整三者的计算结果，使30m高拉索点支式全玻幕墙得以实现，既满足了建筑立面的需求，又满足了结构强度、裂缝、挠度的要求。

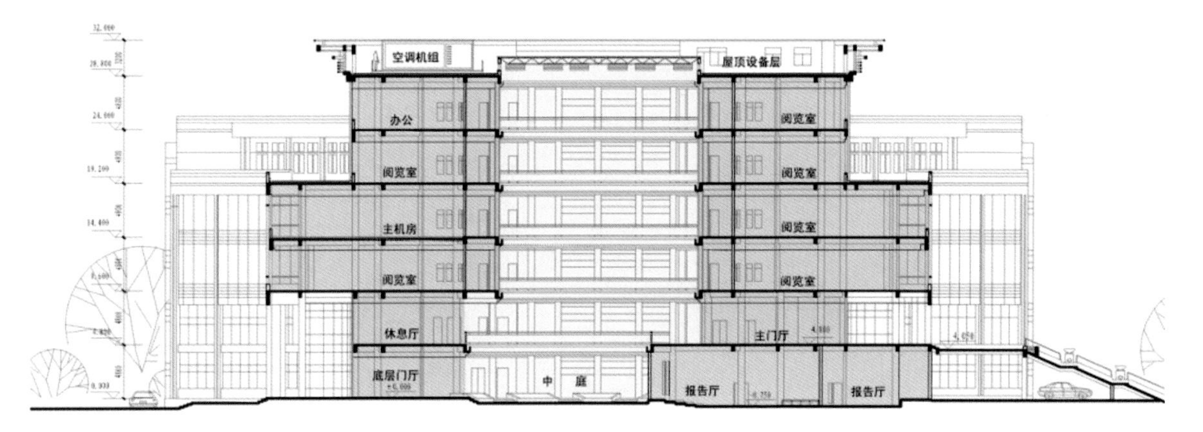
空调机组
屋顶设备层
办公
阅览室
阅览室
主机房
阅览室
休息厅
底层门厅
中 庭
阅览室
阅览室
阅览室
阅览室
主门厅
报告厅
报告厅

南北纵剖图

博物馆内景

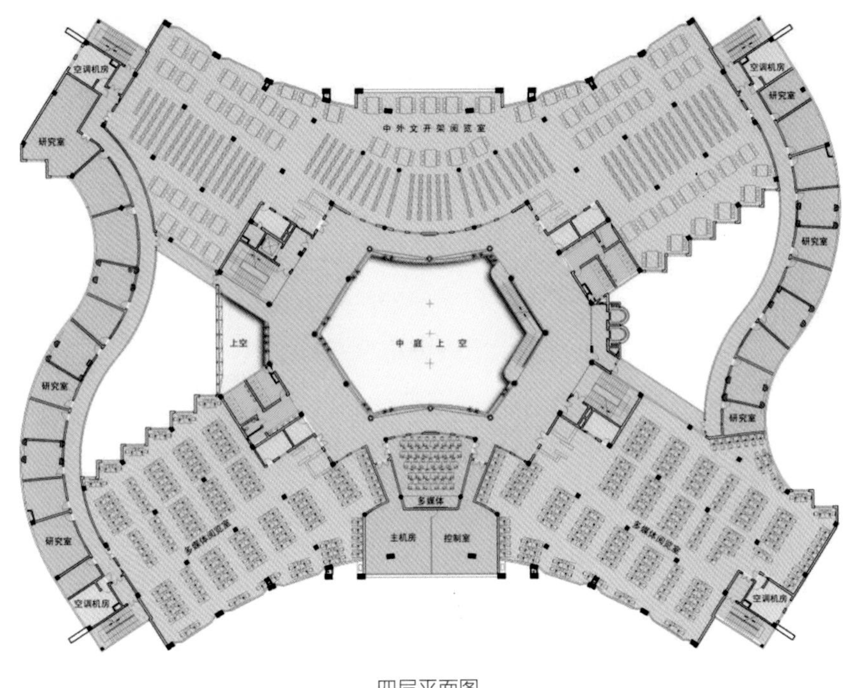


四层平面图

| | |
|---|---|
| 01 底层门厅 | 14 二层门厅 |
| 02 图书门厅 | 15 电子目录厅 |
| 03 中庭 | 16 开架阅览室 |
| 04 密集书库 | 17 中庭上空 |
| 05 消防及安全中心 | 18 休息厅 |
| 06 检索教室 | 19 博物馆 |
| 07 印刷、出版 | 20 专题阅览室 |
| 08 学术报告厅 | 21 教师阅览室 |
| 09 图书工作室 | 22 办公室 |
| 10 图书修理 | 23 屋顶花园 |
| 11 采访、典藏 | 24 会议室 |
| 12 编目 | 25 内庭院 |
| 13 变配电 | 26 冷热饮品服务 |

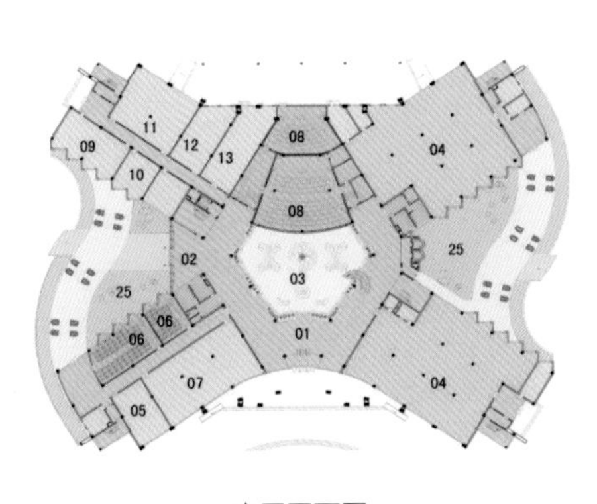

底层平面图

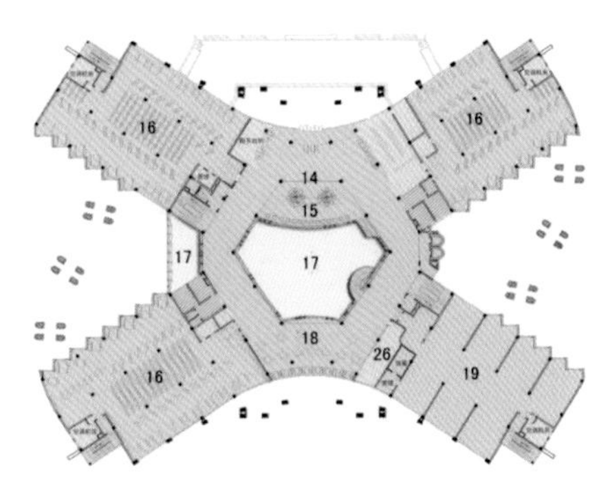

二层平面图

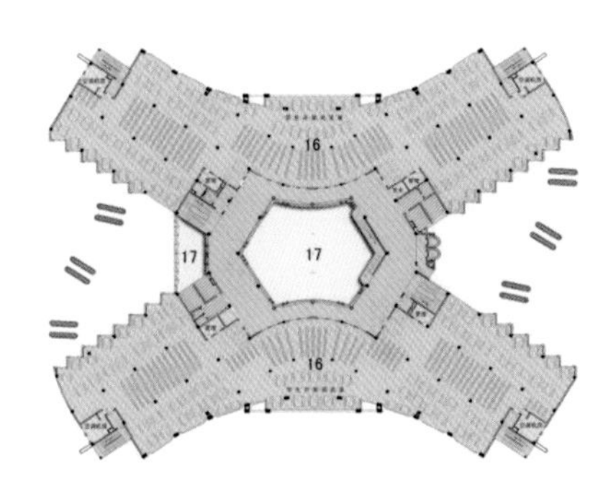

三层平面图

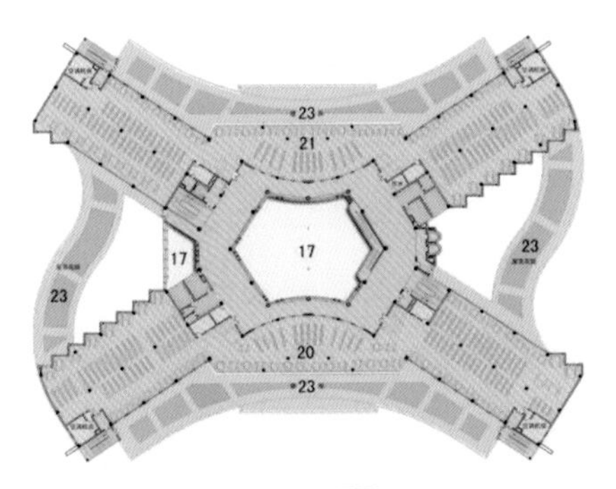

五层平面图

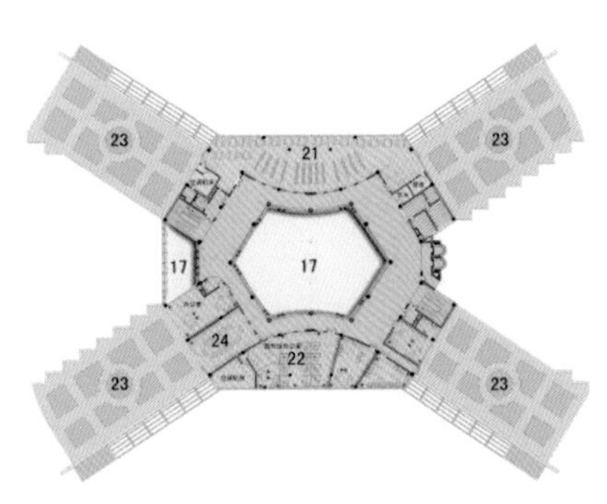

六层平面图

# 04

# 中南财经政法大学酒店管理培训中心

项目业主：中南财经政法大学

项目地点：武汉市中南财经政法大学南湖校区

项目功能：四星级酒店、会议培训

用地面积：25635m²

建筑面积：26770m²

设计时间：2005年

项目状态：建成

合作团队：张启、万博、邢克、王明喜、郑万兵、张建民等

中南财经政法大学酒店管理培训中心位于南湖校区东北角，东临两湖大道，北临南湖南路，西为学校老招待所，南为校内晓南湖。建筑功能按330～350人规模会议及食宿要求设计，配备350人及不同人数的大小会议室和教室，以及其他四星级酒店配套的各类餐饮娱乐设施。

用现代材料、简约地表达了江南水乡古典意向，建筑形体和空间和谐，细部设计体现古典与时尚并存。

临湖视角

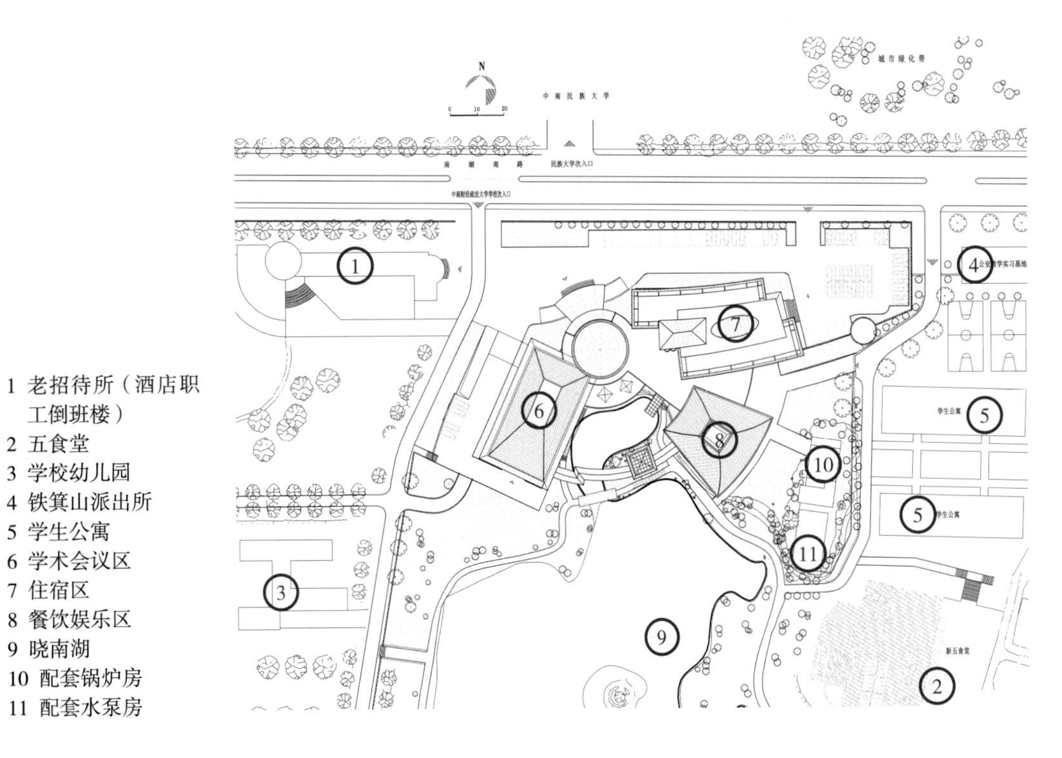

1 老招待所（酒店职工倒班楼）
2 五食堂
3 学校幼儿园
4 铁箕山派出所
5 学生公寓
6 学术会议区
7 住宿区
8 餐饮娱乐区
9 晓南湖
10 配套锅炉房
11 配套水泵房

总平面图

1 学术会议区
2 门厅大堂
3 亲水咖啡厅
4 总服务台
5 精品商店
6 住宿区中庭
7 宴会厅
8 保安亭

首层平面图

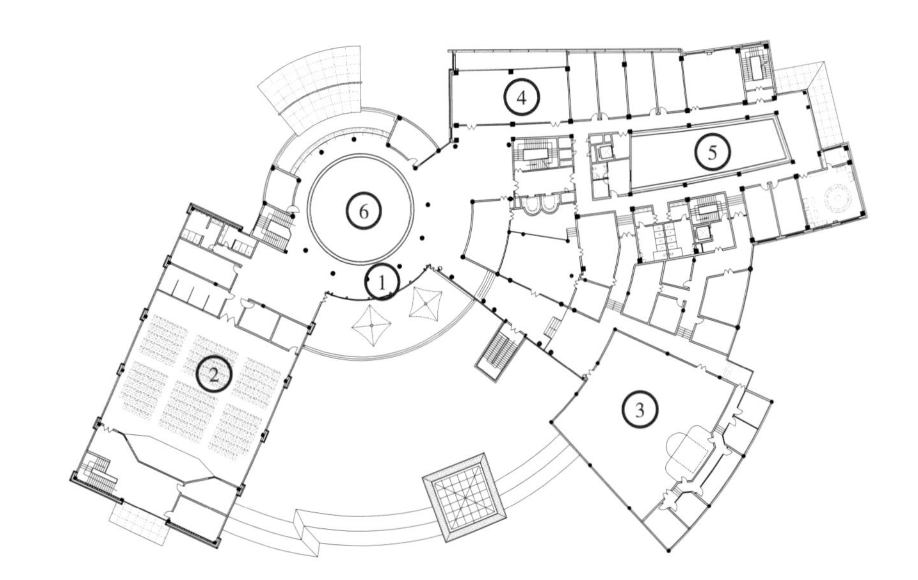

1 艺术展廊
2 学术报告厅
3 夜总会
4 配套商务
5 中庭上空
6 大堂上空

二层平面图

北立面图

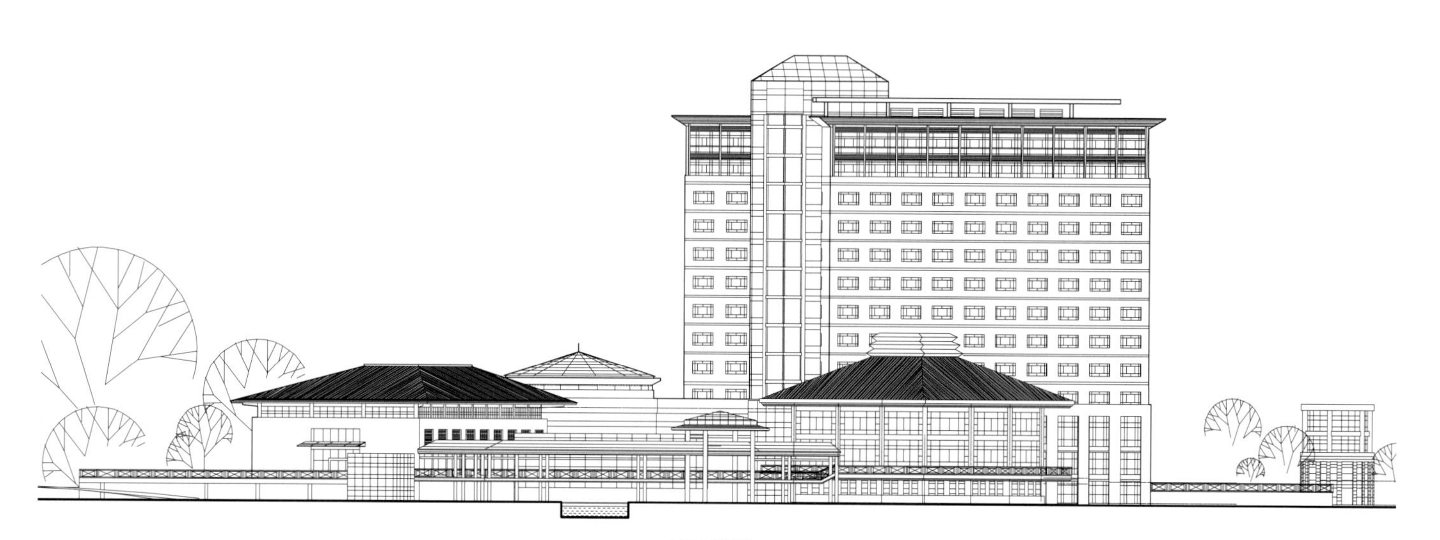
南立面图

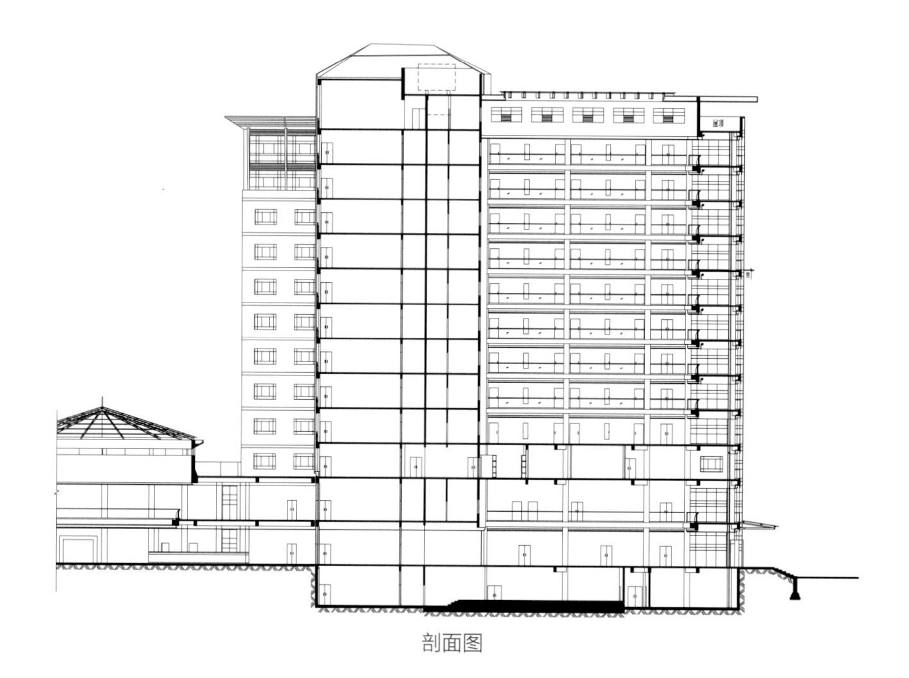
剖面图

湖边视角

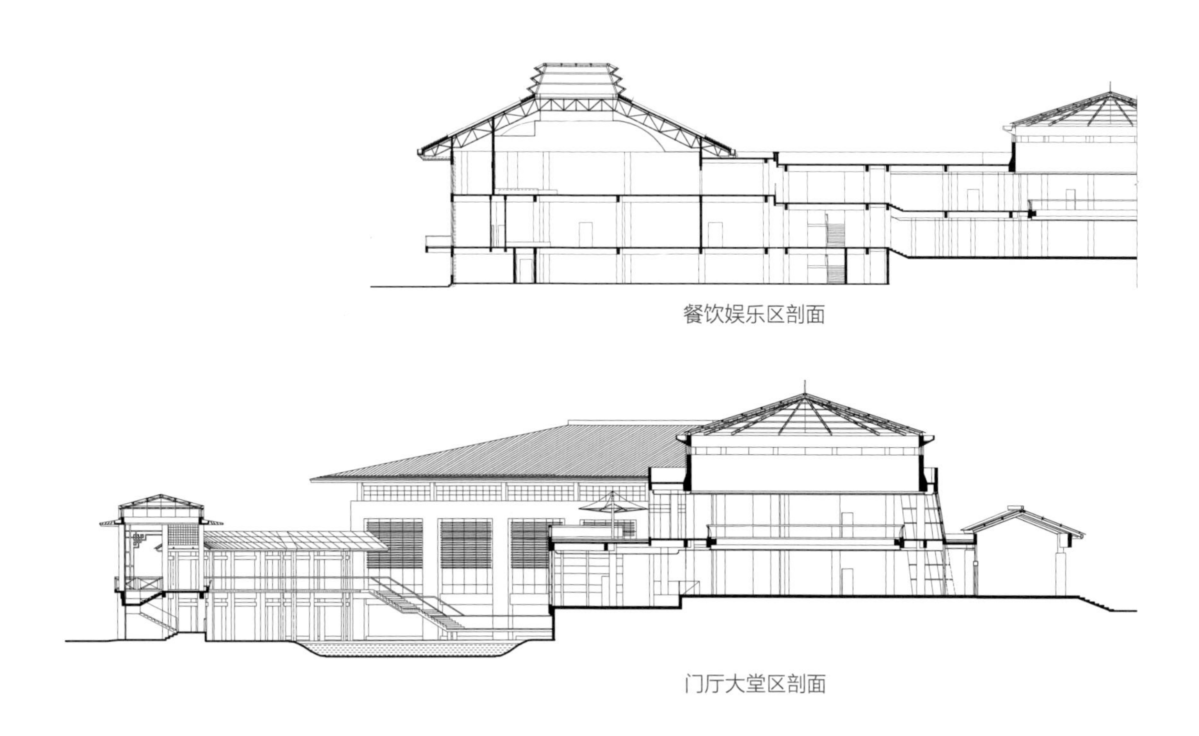

餐饮娱乐区剖面

门厅大堂区剖面

西南服务庭院视角

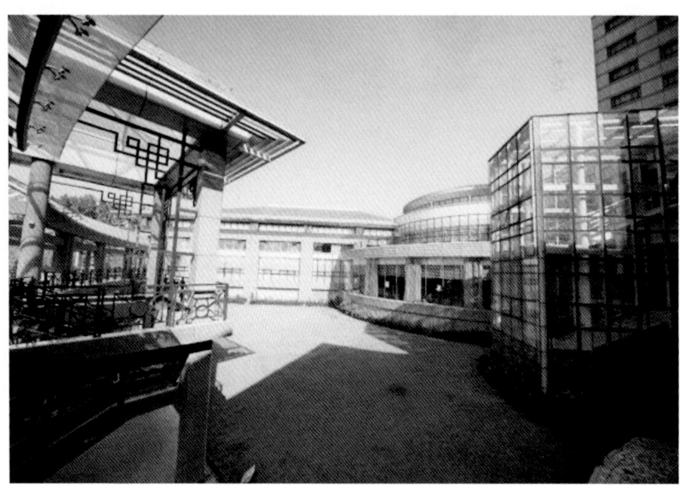

中式韵味的内景效果图

# 05

# 中南财经政法大学文泰楼（教学楼三）

项目业主：中南财经政法大学
项目地点：武汉市中南财经政法大学南湖校区
项目功能：教学、模拟法庭
用地面积：38070m$^2$
建筑面积：32949m$^2$
设计时间：2004年
项目状态：建成
合作团队：王杰元、刘成双、张启、钟福平、万博、王明喜、郑万兵、耿毅、张建民等

文泰楼连廊视角

文泰楼西南视角

南端的模拟法庭与外事较多的行政楼比邻，既减少了对外开放时对其他教室单元的干扰，也便于与行政楼一起成为学校对外交流的形象平台。

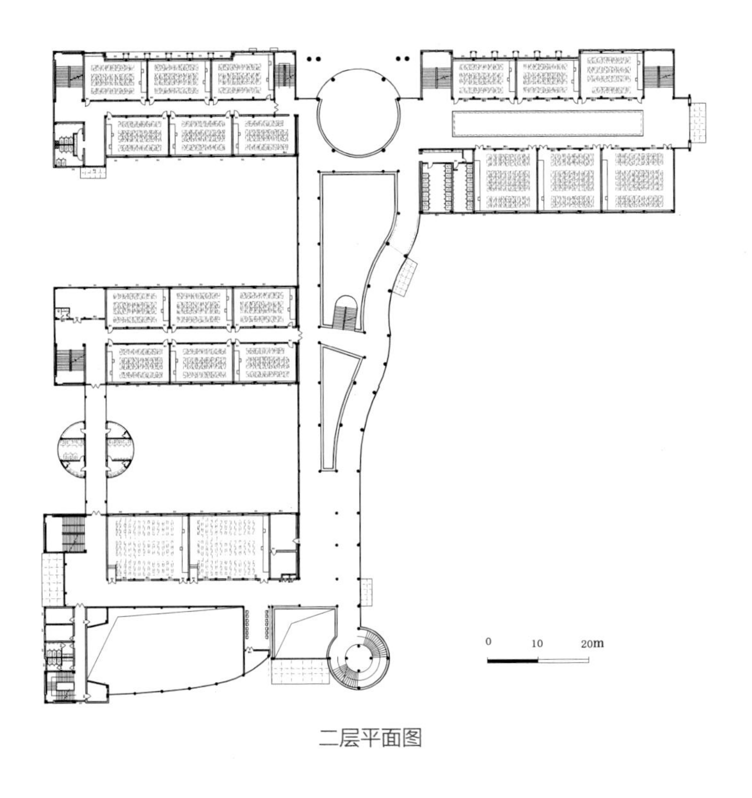


二层平面图

中南财经政法大学文泰楼（教学楼三）建筑面积32948.51m$^2$，可同时容纳1.1万学生上课，另设有两个450座模拟法庭，是该校目前最大的教学综合建筑。

设计特色：文泰楼地处该校南湖校区逸夫图书馆与环湖学生公寓之间，北边为与社会共有代征道路，南临行政办公楼，用地南北狭长，且向南逐渐变窄，东高西低，东面为向南伸展的小山希贤岭，设计时考虑北面代征道路一时不能打通，使得原本从北面过来的主要人流暂时改由东面临小山的一侧进入，为了未来可以互换，即两边进入皆可，二者共用一个主交通空间，因此，在总平面构思时巧妙地以“玉”字形布局，其中间枢纽设计成楔形交通空间，以适应地形，东面以自由曲线同希贤岭取得和谐。“玉”字形布局的各个分区分别布置不同的教室，而在邻近行政楼的最南侧布置模拟法庭，以便和南侧有较多外事活动的行政楼一起对外开放，即方便对外使用又可减少模拟法庭举行庭审时对其他教学用房的干扰。

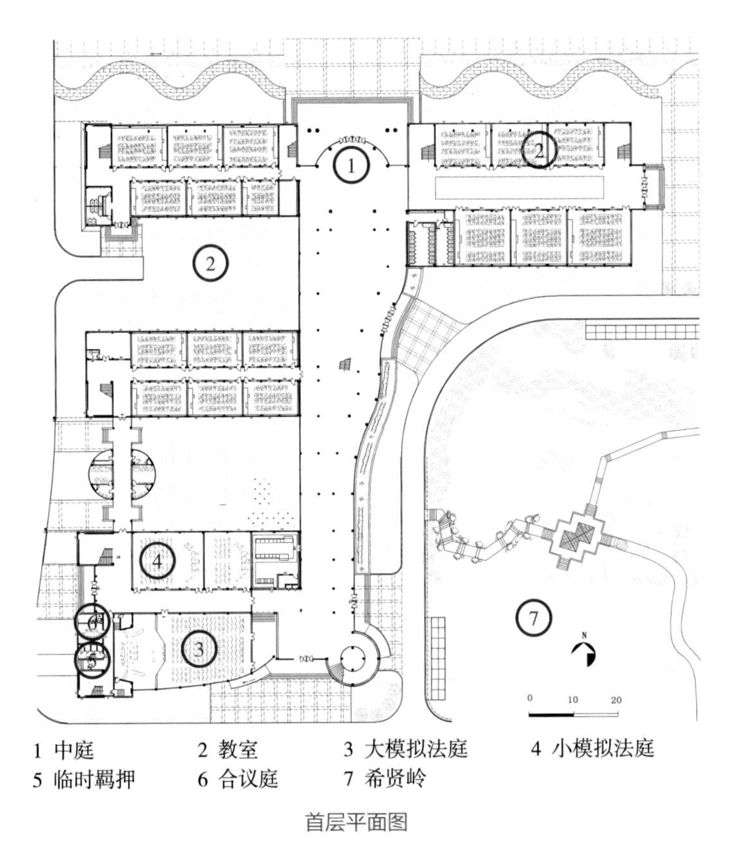


1 中庭　2 教室　3 大模拟法庭　4 小模拟法庭
5 临时羁押　6 合议庭　7 希贤岭

首层平面图

“玉”字形空间布局是以一条贯穿南北的纵向主轴，将两侧多支分布规则的教室单元串联起来，布局脉络清晰，交通组织一目了然。考虑到现代高校，尤其是以公共大课为主的文科院校的上课特点—人流时段性、集中性，文泰楼的楔形交通体系宽敞、通达、半开放，不仅具有快速疏散巨大的师生流的能力，还为广大师生提供了开阔自由的学习、交流空间。其东侧自由曲线形的开敞外廊，既很好地契合了东部的希贤岭，又最大限度地接纳了校园景观。楔形中庭作为学生课内外活动、休息的场所，内部空间上下扩展，辅以绿化，贯穿了整幢建筑。半圆弧形装饰楼梯和造型悬挑楼梯置于其中，尤其显得动感通达。在中庭的顶部和北侧仅以玻璃将中庭与蓝天白云相隔相望，在保证周围安静空间的同时，丝毫不限制中庭当中人与人，人与自然的视线交融。合理的布局和功能分区不仅很好地解决了地形制约问题，而且使得内部空间丰富多彩、灵活多变，加之宜人的细节，使用起来非常方便。文泰楼与周围环境相互渗透、和谐相融、彼此借景的特性，吸引着学子前往，激发莘莘学子无尽的学习兴趣和热情。

从希贤岭看文泰楼

透过希贤岭上的竹林看文泰楼，山体、行政楼、文泰楼三者互为借景

从图书馆上看文泰楼

透过希贤岭上看文泰楼，“大学园林”的构想已成雏形

透过内院看西连廊，独立于主体之外的造型卫生间减少了对教室单元气味干扰

文泰楼玲珑剔透的外形与行政楼浑然一体

中庭一角

采光中庭

东北部教室单元的采光中庭解决了大进深教室内侧自然采光不足的难题

通高的圆形门厅，给人无限向上的畅想空间

主入口处的采光中庭

文泰楼南立面

文泰楼西立面（局部）

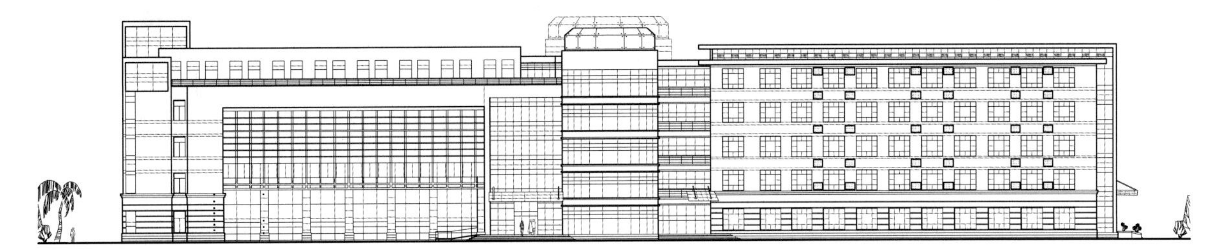
文泰楼南立面

文泰楼北立面

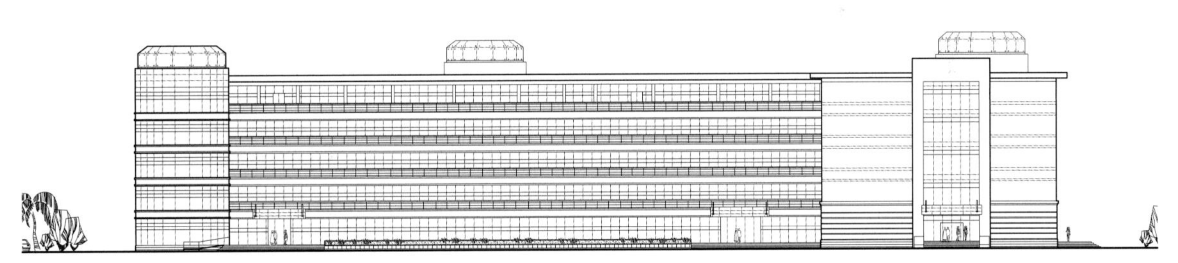
文泰楼东立面

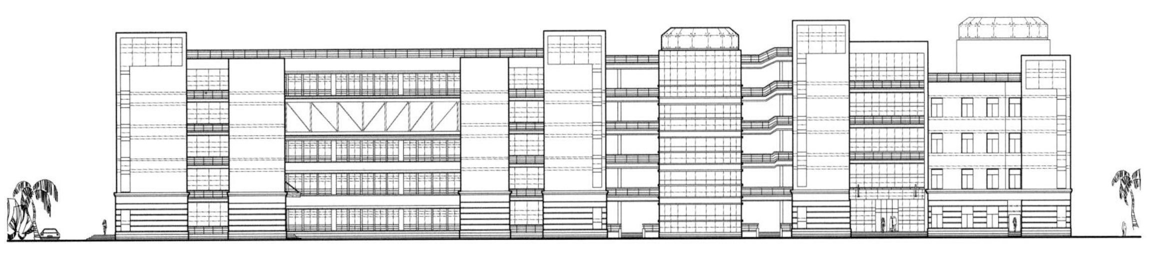
文泰楼西立面

# 06

# 中南财经政法大学

# 球类运动馆

项目业主：中南财经政法大学

项目地点：武汉市中南财经政法大学南湖校区

项目功能：体育运动及教学

用地面积：28260m²

建筑面积：11500m²

设计时间：2012～2013年

项目状态：建成

合作团队：王芳、邢明党、黄元元、郑万兵、吴晶等

小球馆东立面效果图

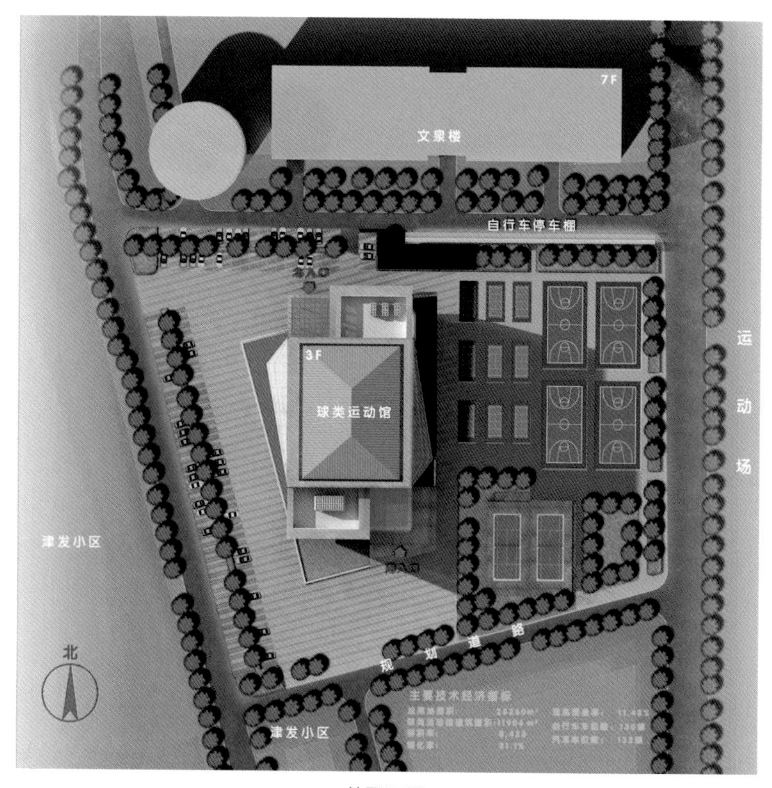


总平面图

小球馆西北角效果图

中南财经政法大学球类运动馆位于武汉南湖校区田径运动场西侧，总建筑面积11500平方米。楼层主要功能包括乒乓球训练馆、羽毛球馆、网球馆，夹层主要功能包含台球和体操、舞蹈训练等活动空间，以及体育办公、社团办公室和运动员卫生间及洗浴等。该馆用地北面为院系综合楼——文泉楼，西面和南面为教师居住区，用地区域四周皆有道路，属学校运动区的一部分，区域规划用地面积为28260m$^2$。该区域除规划建设球类运动场馆外，还配套规划了室外球类运动场地，以满足室内外球类运动的不同需求。

项目设计团队在球类运动馆的规划设计过程中特别注重与环境融合，通过球类运动馆的建设，完善校园规划，利用功能与环境的有机结合，实现校园环境的和谐，践行“大学园林”的构想。

项目设计团队在建筑设计过程中，通过合理推敲空间布局和结构选型，集约了空间，节约了用地，实现了艺术、技术、经济的完美结合，再加上自可研、规划、建筑、装饰和景观等全过程细致的设计和周到的现场服务，真正落实了“精心设计、技术创新、优质服务、顾客满意”的质量方针。实现了建筑的高完成度和造价的高精度控制。通过新结构、新材料、新工艺的应用所塑造的特色外形和特色构造细节，既体现了球类运动馆健与美的个性，也践行了“绿色建筑”的时代主题。

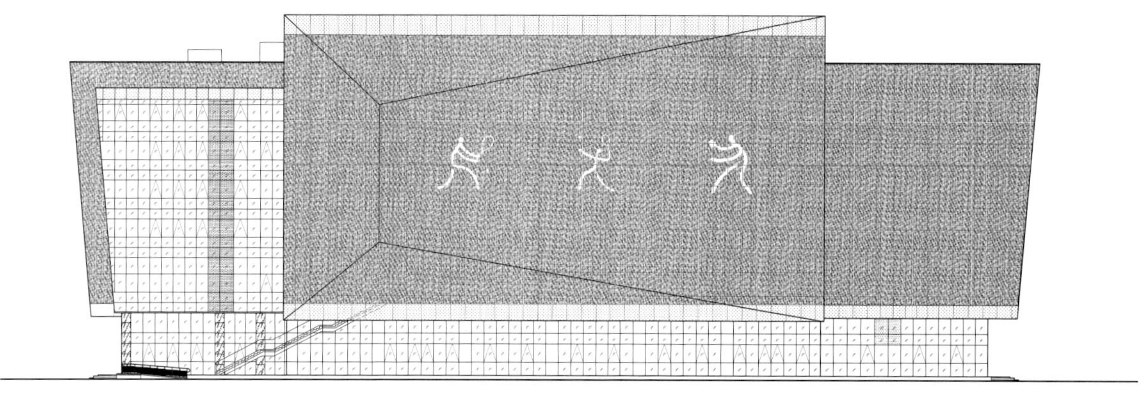

小球馆西立面图

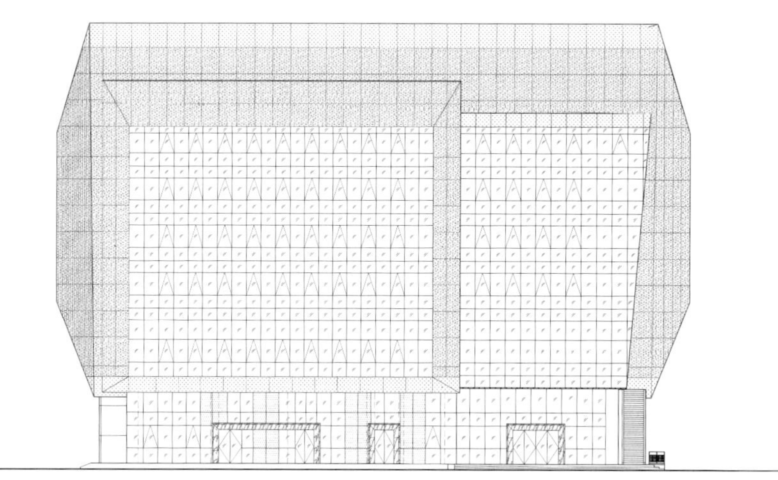

小球馆北立面图

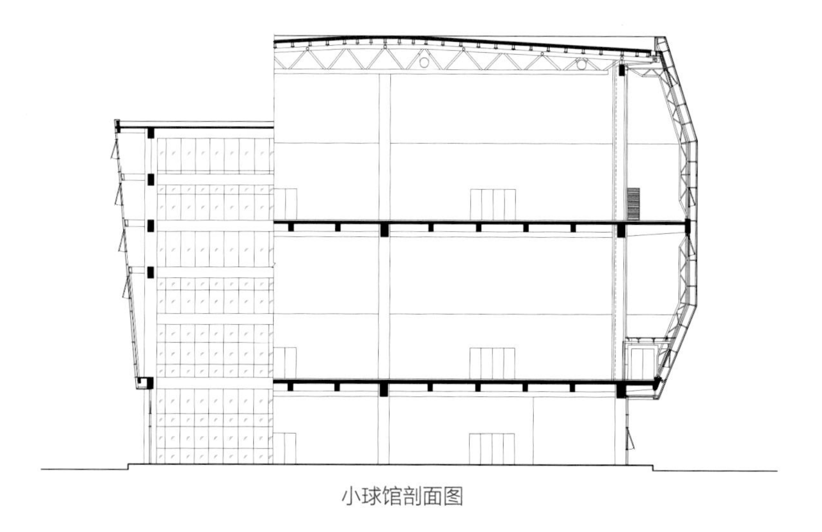

小球馆剖面图

南面次入口效果图

运动场方向看小球馆

次入口局部视角

西立面局部视角

东西向防炫光内廊

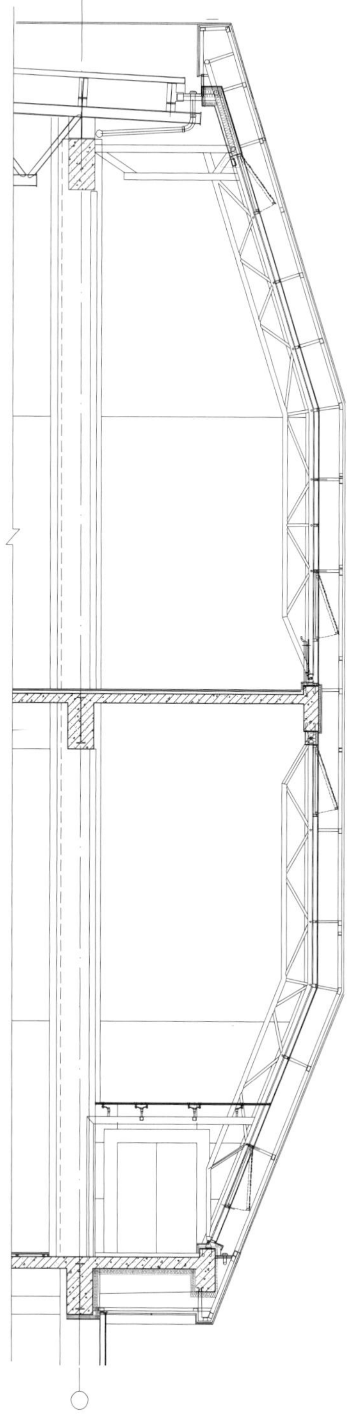

东西向防炫光内廊剖面大样图

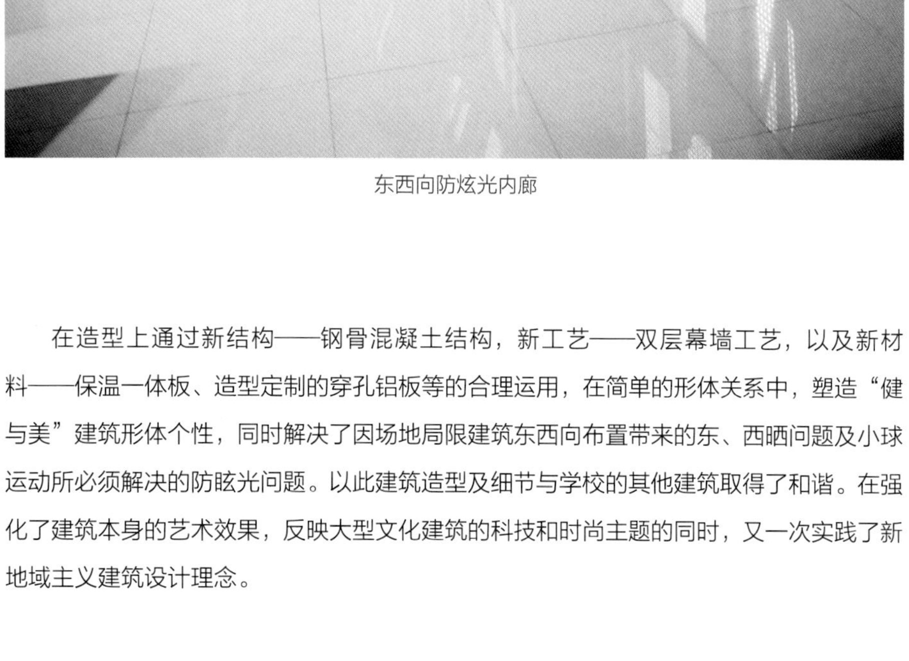

在造型上通过新结构——钢骨混凝土结构，新工艺——双层幕墙工艺，以及新材料——保温一体板、造型定制的穿孔铝板等的合理运用，在简单的形体关系中，塑造“健与美”建筑形体个性，同时解决了因场地局限建筑东西向布置带来的东、西晒问题及小球运动所必须解决的防眩光问题。以此建筑造型及细节与学校的其他建筑取得了和谐。在强化了建筑本身的艺术效果，反映大型文化建筑的科技和时尚主题的同时，又一次实践了新地域主义建筑设计理念。

门厅

羽毛球馆室内

# 07

# 中南财经政法大学中原楼

项目业主：中南财经政法大学

项目地点：武汉市中南财经政法大学南湖校区

项目功能：办公

用地面积：25560m$^2$

建筑面积：16868m$^2$

设计时间：2005年

项目状态：建成

合作团队：宋晓强、潘书云、万博、邢克、郑万兵、耿毅等

中南财经政法大学中原楼为该校的主办公楼。中原楼选址紧邻希贤岭——一处大约20米的原始小山（因学校与中原大学的渊源、为纪念小平同志而起名）和一口南湖遗留的冲沟及鱼塘。故建设时要求结合校园景观一起设计。基地交通结合周围路网规划，将图书馆南面道路向西延伸，接文泰楼南入口道路，并作为本次中原楼北干道，拟在不破坏山体的情况下以隧道形式下穿希贤岭，同时设计半地下的停车库，从规划道路的隧道内接入停车场，并以此修复山体南侧被以往村民盖房破坏的等高线。让希贤岭更加秀丽，同时解决中原楼的停车问题。

设计特色：利用地形和自然因素巧妙布局，结合场地内山势、水体、桥梁、小品及绿化要素，造就出山、水、建筑相和谐的文化场景。内部空间理念超前，改变了普通板式办公楼呆板、枯燥的空间面貌，实践了“人性化、个性化、一张一弛和谐化”的新办公空间构想。对场地环境尊重和合理利用，做到了相融共生，很好地契合新地域主义的设计主旨。

利用地形和自然因素巧妙布局，结合场地内山势、水体、桥梁、小品及绿化要素，造就出山、水、建筑相和谐的文化场景。希贤岭上的“文化泉源”流水潺潺，瀑布下面的水帘洞别有洞天——水帘之内是半地下停车库的采光通风口。景观、功能、伟人纪念的精神体现，在此巧妙得以诠释。

中原楼南广场视角

中原楼西南视角

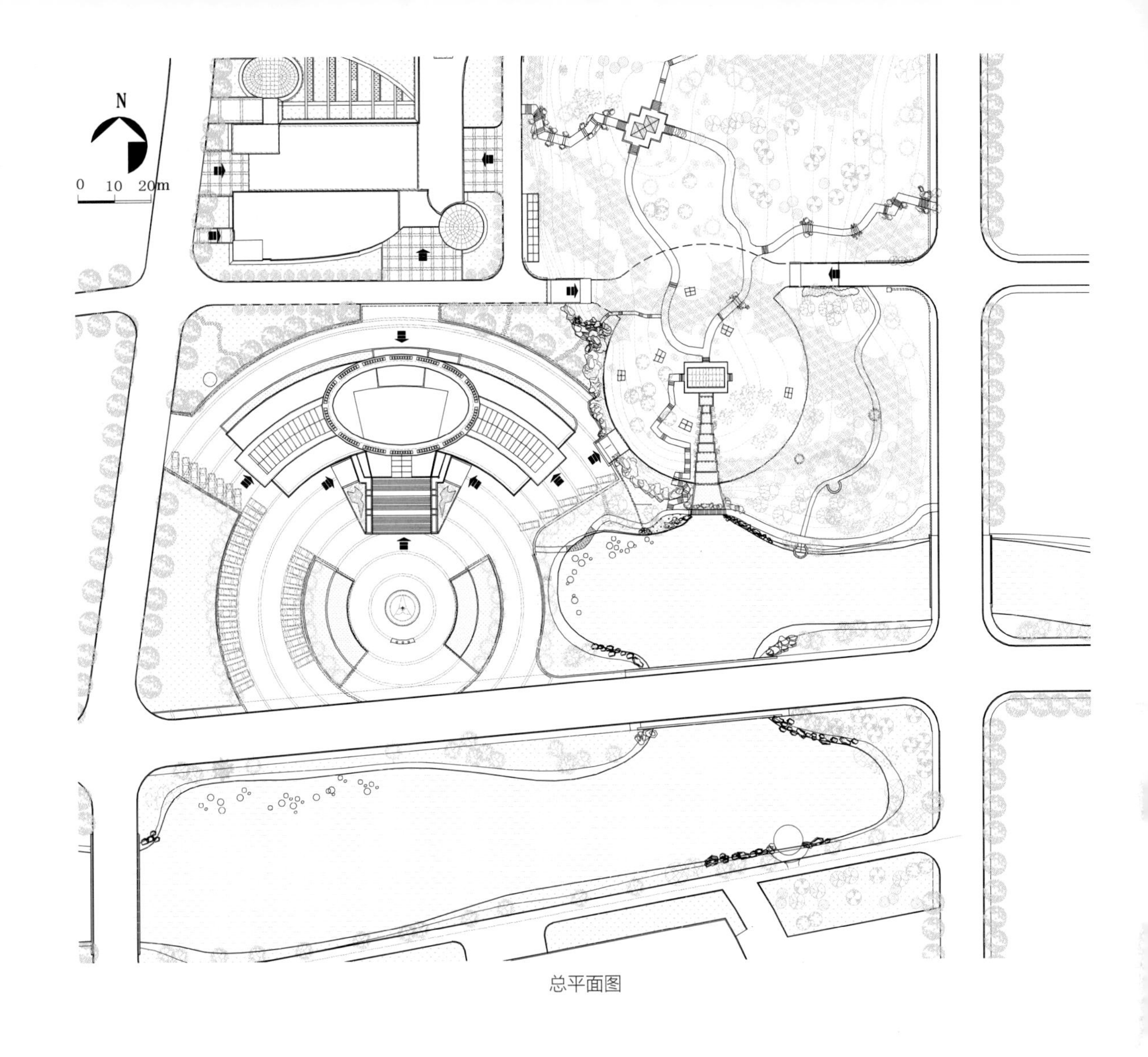

总平面图

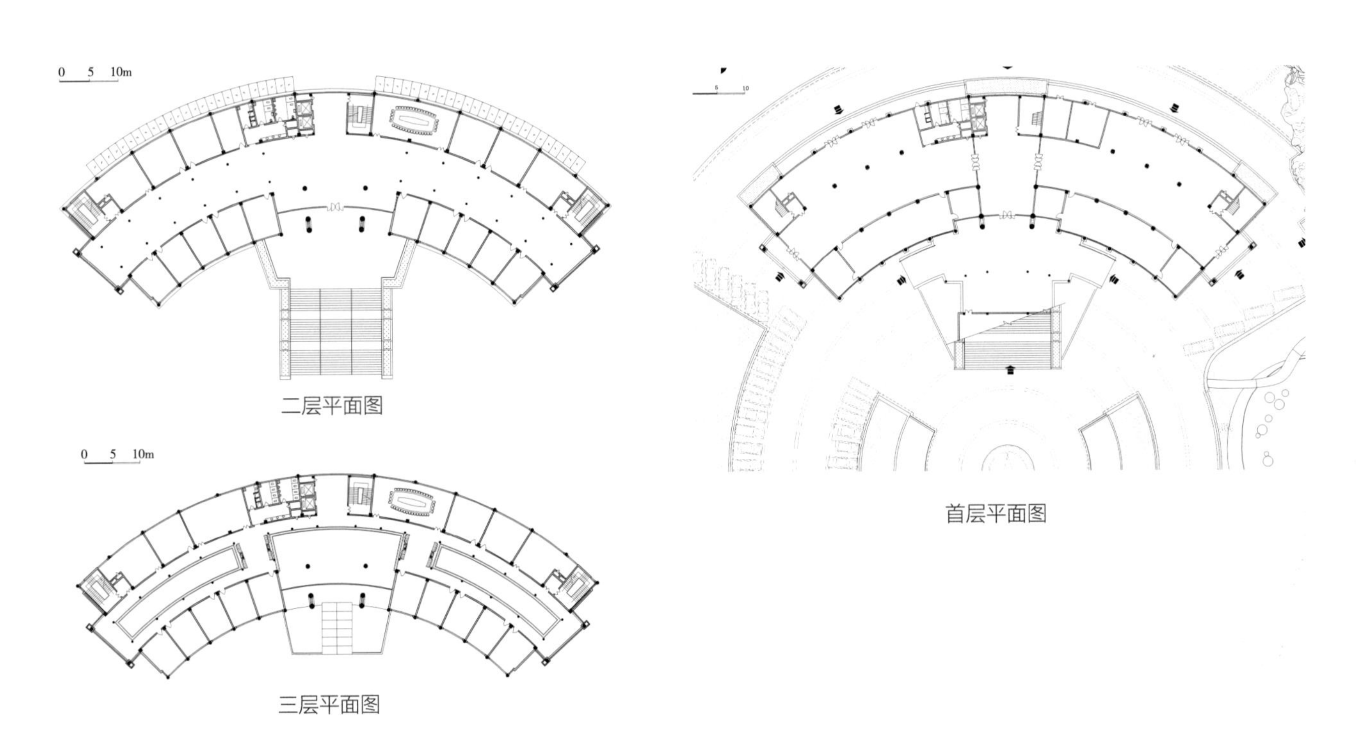

二层平面图

三层平面图

首层平面图

人工湖与中原楼

中原楼和景观桥

希贤岭下地下车库通风口，流瀑和情侣桥

主入口雨棚

雨棚细部

弧形的二楼门厅和大堂

宽敞、流畅、无限延伸的共享空间，给人开放和积极向上的工作姿态

二楼门厅内五层高的弧形大堂内景

# 08

# 中南财经政法大学创新创业大楼

项目业主：中南财经政法大学
项目地点：武汉市中南财经政法大学南湖校区
项目功能：创业教育、创业苗圃、创业孵化、创业服务
用地面积：12903m²
建筑面积：39800m²
设计时间：2019年
项目状态：方案
合作团队：黄龙、龚唯、张毅、陈珍、叶子怡、刘泽坤、龚锐等

项目选址于南湖校区博文路东侧紧邻信息与安全工程学院的一块空地，地块大致呈不规则的五边形。该建筑是包括创业教育、创业苗圃、创业孵化、创业服务四大功能为一体的综合性教学、办公建筑。

大楼主体建筑地上12层，地下局部2层，建筑高度为48.7m。根据中南财经政法大学的学科特点，并结合建筑本身所承载的功能需求，方案创作时，我们按照功能划分，将建筑分为四大区，即创业孵化区、创业教育和创业苗圃区、交流体验区、创业服务区，各个部分既能独立使用又能形成一定的联系。根据使用时的人流特征，合理规划体量高度，将创业孵化区设置在一个体量中，并作为标志性形象，以高层建筑的形式布置在用地北侧。而将创业教育、创业苗圃、交流体验区这些人流集中的功能，以多层形式布置在南侧和西侧，加上为契合不规则地形塑造的椭圆体量的创业服务区，整体构成了一个“E”字形的庭院式综合建筑。在满足功能分区明确、流向清晰的前提下，真正实现了“产、学、研”密切相结合。

东立面图

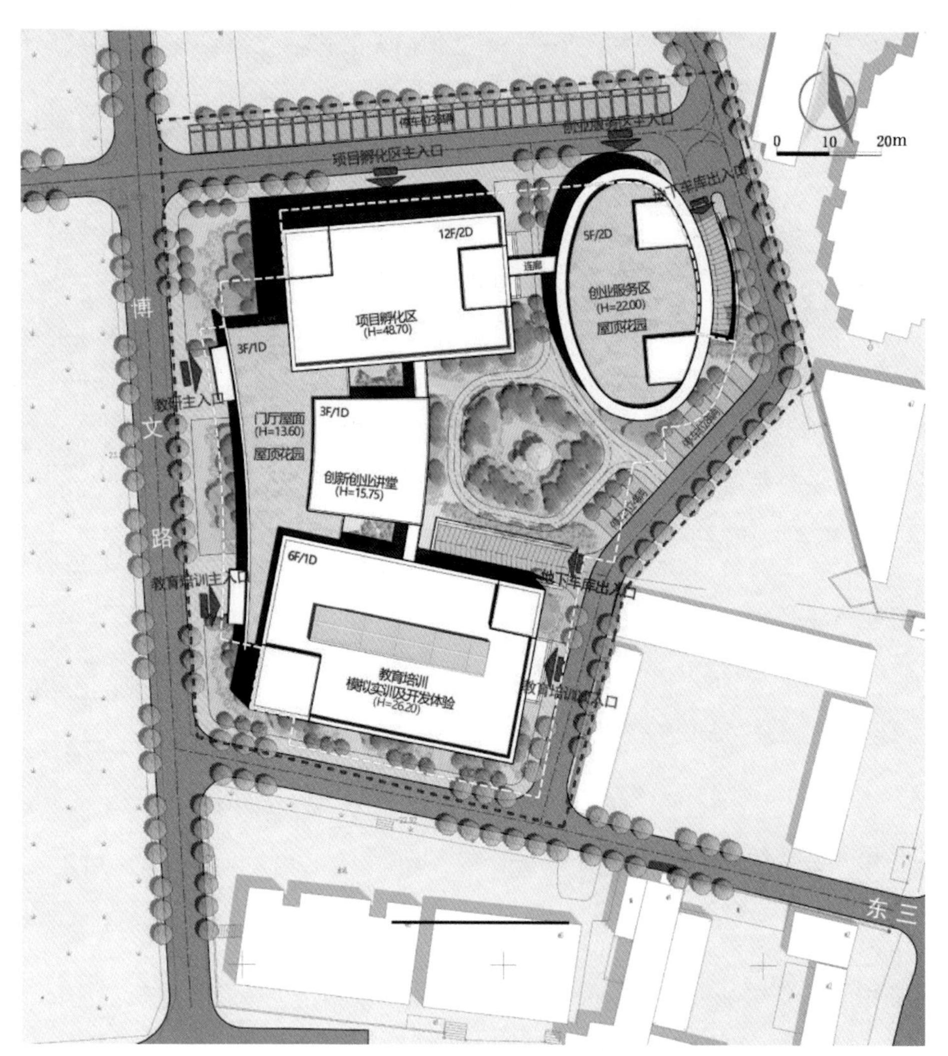
0 10 20m
项目孵化区主入口
12F/2D
连廊
5F/2D
创业服务区
(H=22.00)
屋顶花园
项目孵化区
(H=48.70)
3F/1D
博
文
路
门厅屋面
(H=13.60)
屋顶花园
3F/1D
创新创业讲堂
(H=15.75)
6F/1D
地下车库出入口
教育培训
模拟实训及开发体验
(H=26.20)
东三

总平面图

0 5 10m
博
文
路

首层平面图

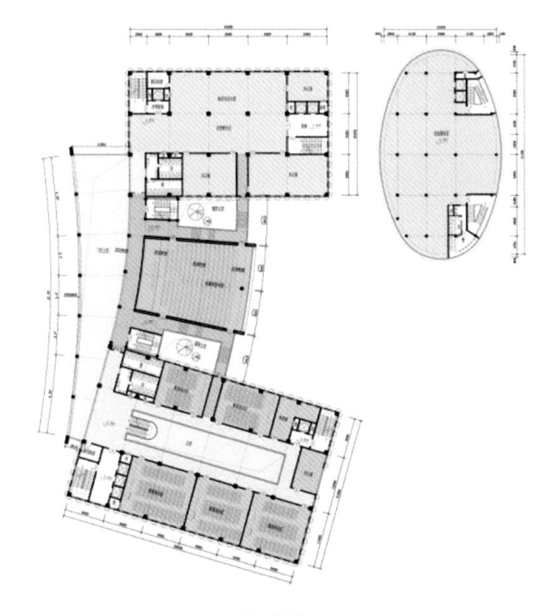

二层平面图

三层平面图

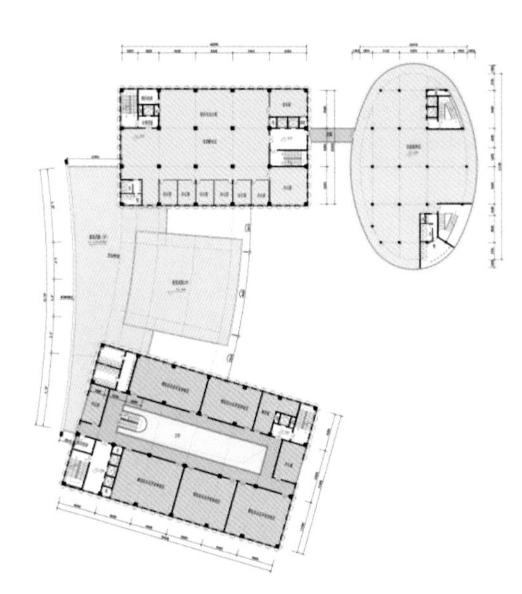

四层平面图

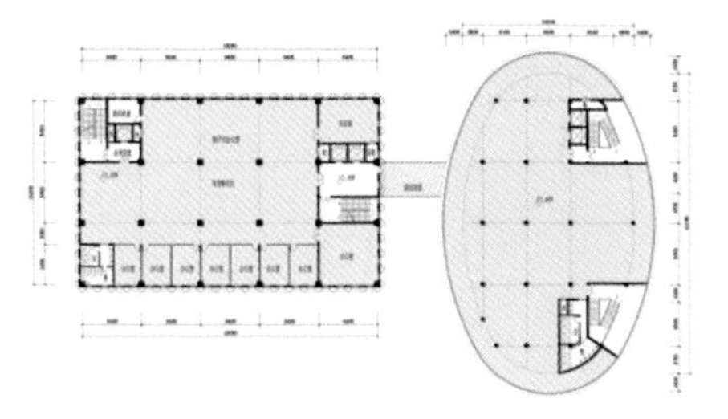

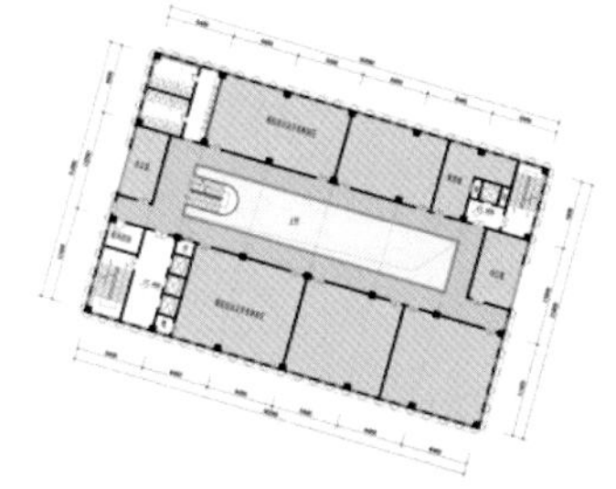

五层平面图

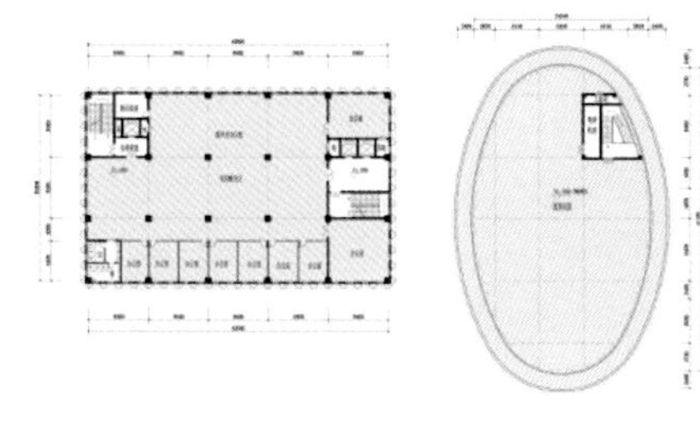

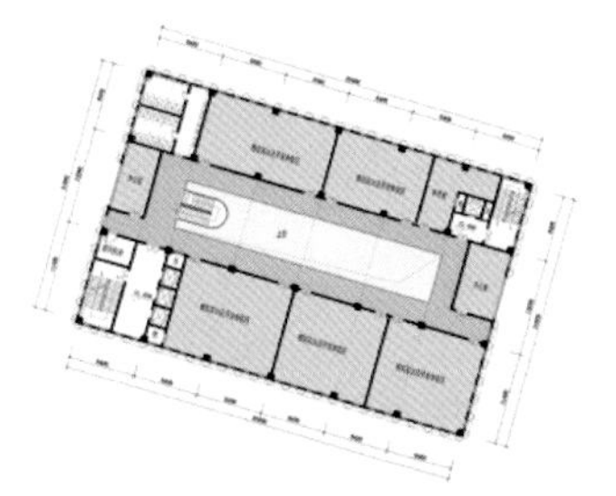

六层平面图

东立面图

西立面图

南立面图

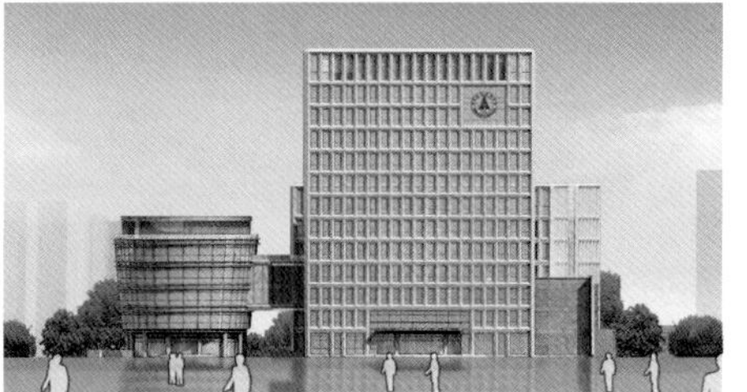
北立面图

# 09 中南财经政法大学法学科研大楼方案

项目业主：中南财经政法大学

项目地点：武汉市中南财经政法大学南湖校区

项目功能：教学、科研、办公、会议

用地面积：5580m$^2$

建筑面积：14985m$^2$

设计时间：2020年

项目状态：方案

合作团队：黄龙、龚唯、张毅、任鲲、陈珍、叶子怡、刘泽坤、龚锐等

中原大道方向透过广场看法学大楼

设计特色：在场地东面规划了南北向干道，通向北面的中南大道；在北面边线，文治楼的南面规划了东西道路，道路标高以文治楼的场地标高为准，用坡道同场地西面现有道路衔接。合理利用场地大约3.5米的高差，在北面的规划道路上恰当地设计了半地下架空车库的两个出入口。这样就实现了法学科研大楼用地的周边道路环通，优化了校园的交通体系，加强了建筑北向交通的通达性。同时恰当利用场地高差，降低了地下室的造价。

建筑体量沿用地的北、东、南三面呈“U”形布置。“U”形的西北分支布置了两层高度300人体量的报告厅，其他部分则为以6层科研办公为主的主体建筑，利用屋顶空间设计的灵活性，在“U”形的南分支规划布置了跨两层高的200人学术报告厅，在东分支顶层还规划了大空间的法学沙龙。整个建筑主体外形上高7层，实际建筑高度6层，建筑东部的屋顶层为设备层，用以安置屋顶电梯机房、防排烟机房和空调、太阳能等设备。报告厅的入口门厅同大楼的东门厅共用，门厅与序厅相通，非常方便听报告时，集中人流的疏散和会间休息需要。报告厅屋面设计成本法学科研楼的屋顶花园，丰富了大楼的室外景观和大楼的空间环境。建筑造型上运用了古典三段式构图和形体的虚实对比手法，塑造了简洁、硬朗的整体建筑外形。细节上我们通过运用古典柱廊造型手法，构建了比例和谐、秩序感较强的建筑基座，并运用从法官服饰元素中抽象而来的线条，设计屋檐、雨棚等造型，增强了建筑庄重、威严的气势，并赋予其公正、公平、正义、威严的精神气质，彰显了法学精神内涵，实现了推动国家双一流学科走向国际学术高峰，彰显、传承、和弘扬法学精神的目标。

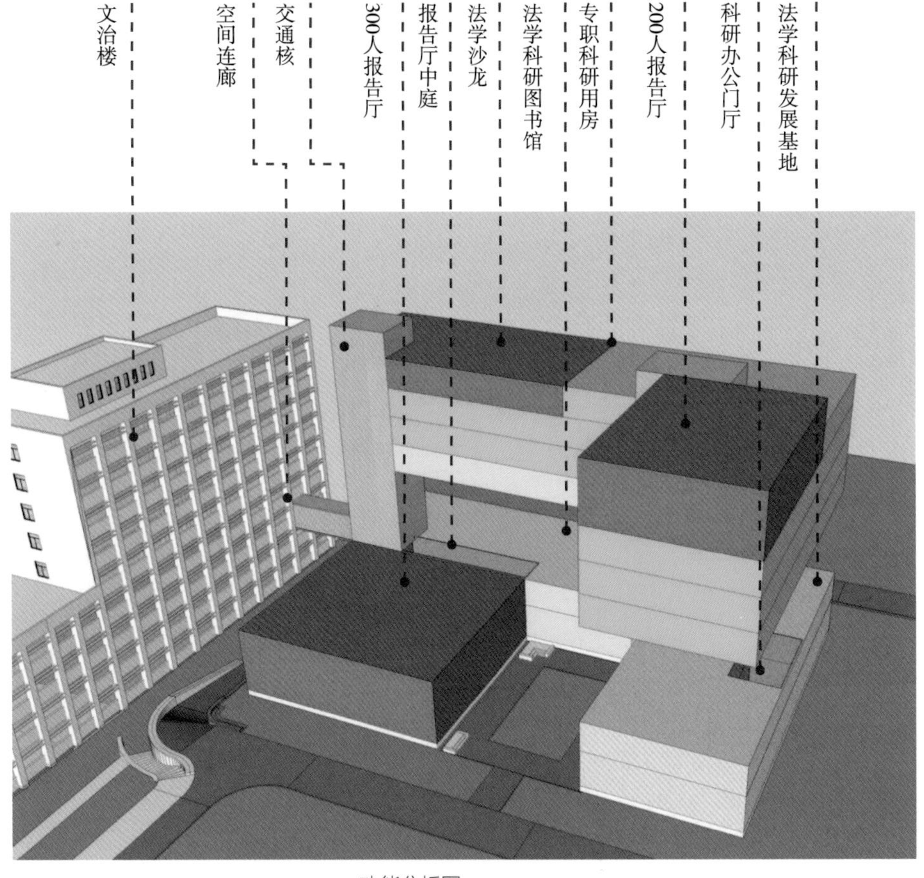


功能分析图

合理利用场地大约3.5m的高差，我们在北面与文沿楼之间的规划道路上恰当地规划了半地下架空车库的两个出入口。这样就实现了法学科研大楼用地的周边道路环通，同时恰当利用场地高差，以最低造价合理规划设计了半地下车库的两个入口。凸显了大楼的主导地位，优化了周边环境。

按照楼层空间、主要功能特点，合理布置了法学科研图书馆、法学科研发展基地、专职科研用房（教授工作室）等不同功能房间。

在顶层，利用抽掉中间结构柱的方法，合理设计了200人学术会议室的大空间和法学沙龙及配套用房。利用屋顶层规划设计设备放置空间，做到了空间的高效利用。

为了加强同北侧文治楼的联系，在大楼北面的二楼规划了空间连廊，将本法学科研大楼同文治楼进行连接，方便两栋大楼的资源共享。

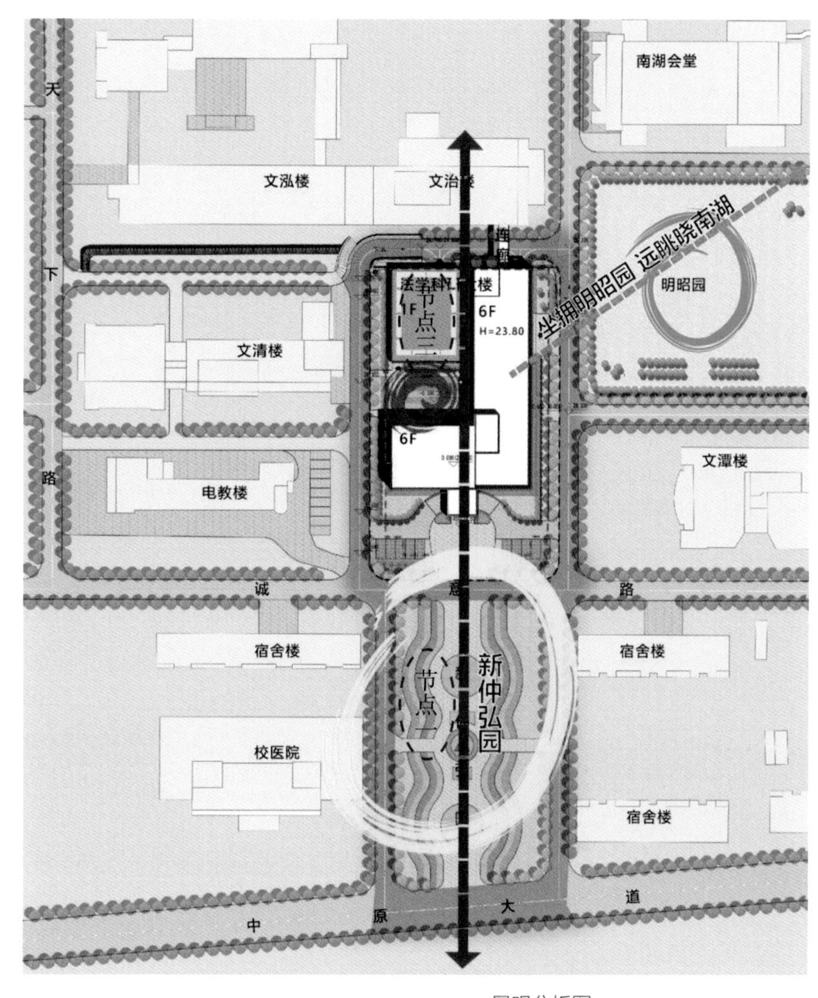


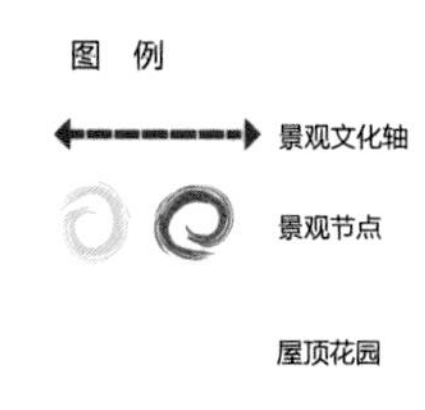


景观分析图

景观节点一：南面广场—新仲弘园对称式景观布局，加强法学大楼入口广场的仪式感、秩序感，增强法学科研大楼建筑的庄重、威严气势，烘托了大楼的法学精神内涵。

景观节点二：内庭院和屋顶花园的景观处理，提升了大楼的园林化气质，丰富了东部办公环境。

景观节点三：东面房间景观坐拥明昭园，远眺晓南湖。

从主要功能要求出发，结合地形和道路的人、车流线，我们将本大楼对外主要出入口规划在北面和东面，将建筑体量沿用地的北、东、南三面呈“U”形布置。

将大楼的主入口、主门厅设计在“U”形平面的南面分支正中位置，称之成为南门厅，掠过诚意路、学校绿化广场（新仲弘园），将建筑南立面气势恢宏地展现在学校主交通轴——中原大道面前。

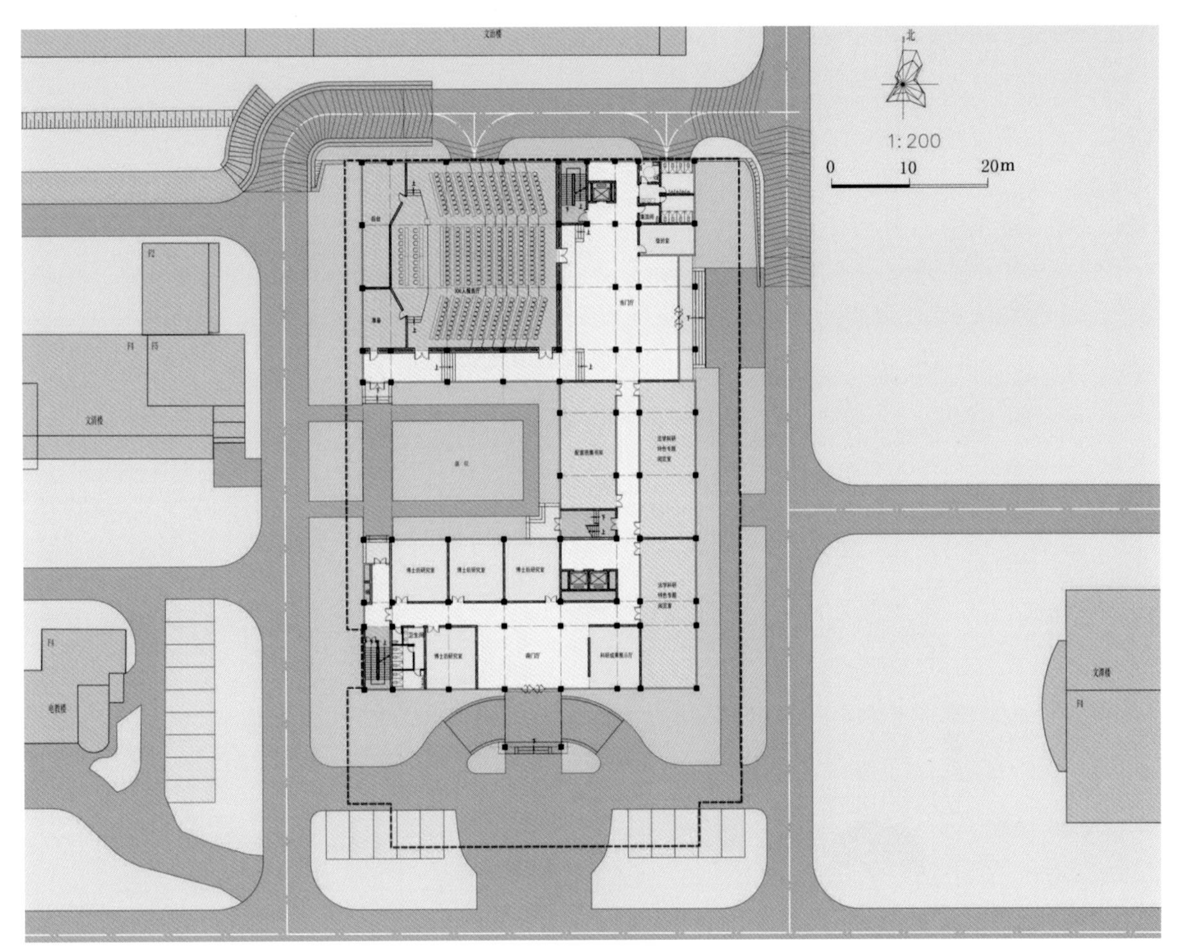


首层平面图

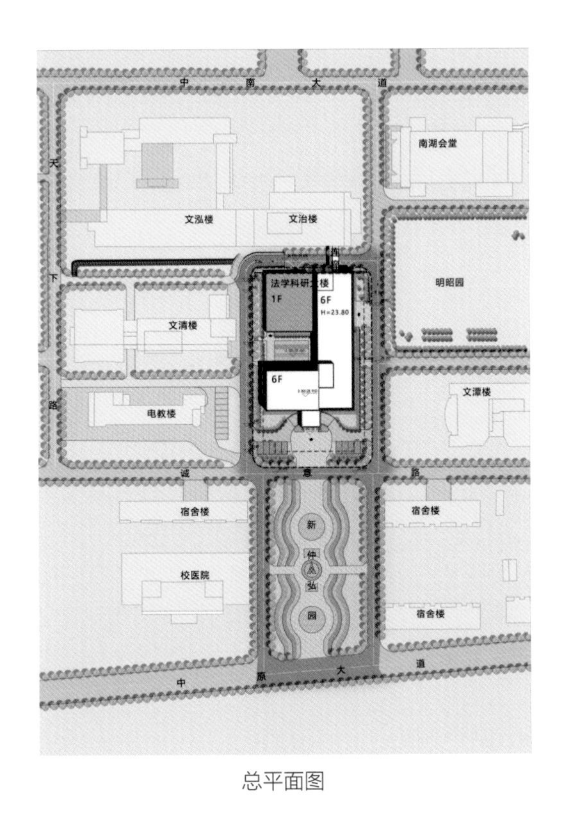


总平面图

二层平面图

西部庭院视角效果

东立面图

南立面图

# 10

# 荆楚理工学院医学教学实验实训中心

项目业主：荆楚理工学院

项目地点：湖北省荆门市该学院院内

项目功能：教学、实验、科研

用地面积：20732m$^2$

建筑面积：23240m$^2$

设计时间：2020～2021年

项目状态：在建

合作团队：黄龙、陈珍、张毅、任鲲、刘泽坤、徐志明、王扬、龚锐等

荆楚理工学院医学教学实验实训中心的建设地点位于湖北省荆门市象山大道33号荆楚理工学院校园内，西面是象山向校园延伸的小山脊，东面是现有运动场和两栋学生公寓，南面有风雨操场和植物实验室大棚，场地内高差3~15米。本中心的主要功能包括该校医学院的教学、学术交流和各类实训、实验等。

设计特点是：运用新地域主义建筑设计理念，在尊重地域文脉、环境特点和使用需求的前提下，通过对建筑功能的合理组合，将功能大体作4个分区：医学教学区、医学实习实训实验区、生化实验区、和学习报告区。建筑平面布局上运用传统地域特色的开敞合院布局手法，通过将以上4个功能区分别设计成不同的4个体量，组成多体量分区围合的山地阶梯式四合院，体量间以连廊连接。这样既很好地解决了医学教学、包括生化在内的不同实验室等功能的分区难题，又尊重了学校现有园林式规划格局。充分利用地域山地特点，竖向精细推敲，通过错层式院落处理，既解决了大高差环境下的交通问题，又减少了土石方、造价和对地貌的破坏。外形处理上通过属实的外窗造型对比和材质的构造细节处理，在和谐融入校园建筑群的同时，体现医学作为学校龙头学院的精神气质，丰富了学校校园环境。

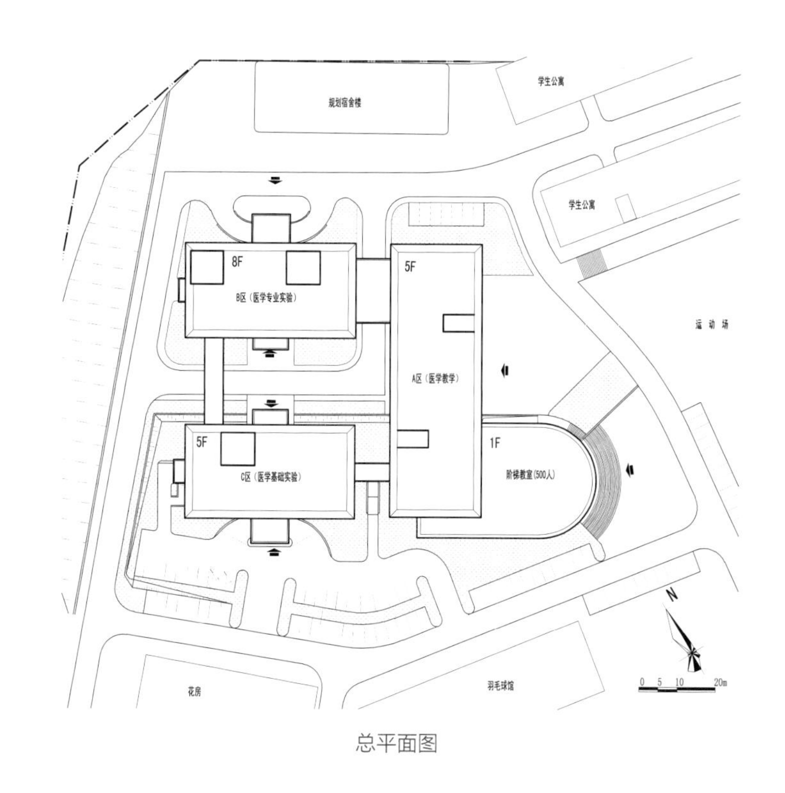

总平面图

西北方位视角效果

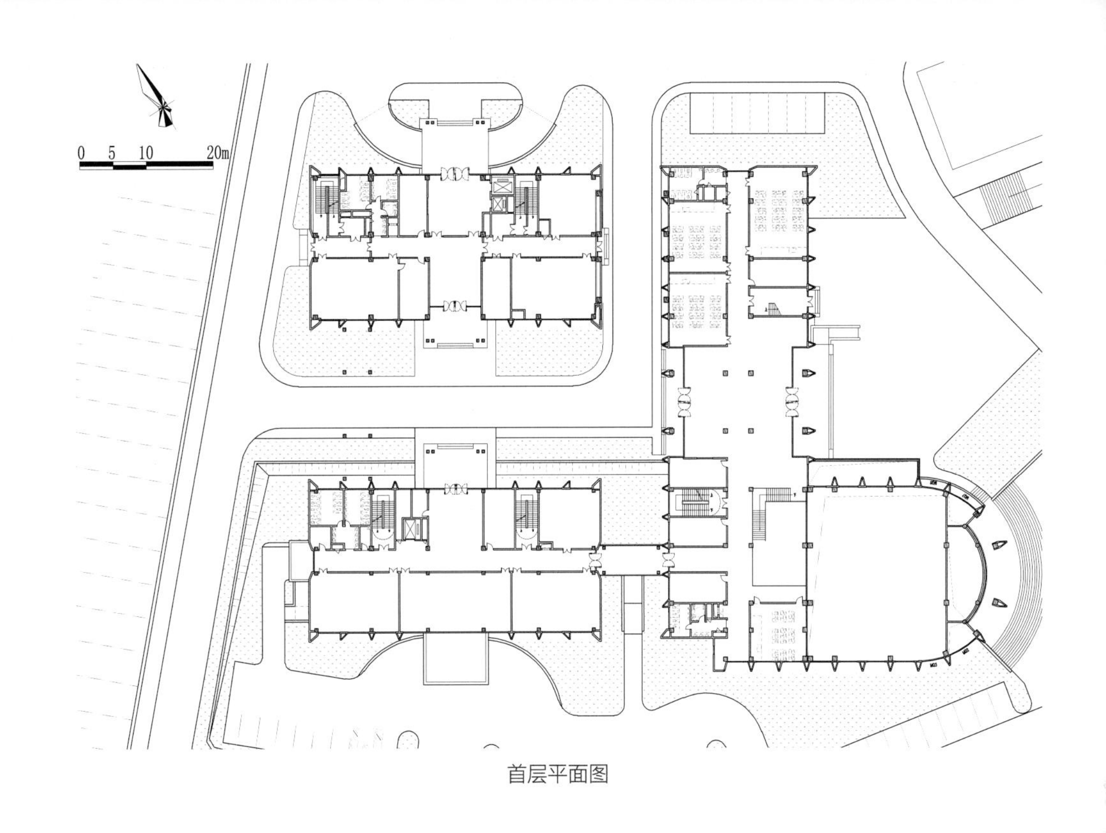


首层平面图

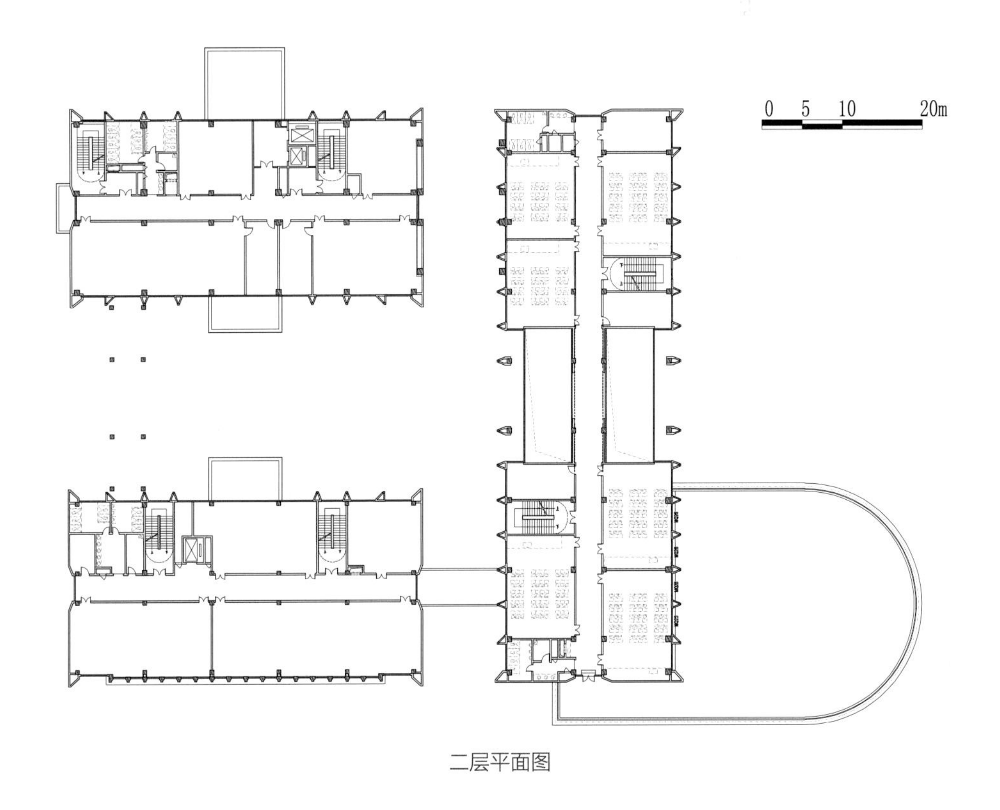


二层平面图

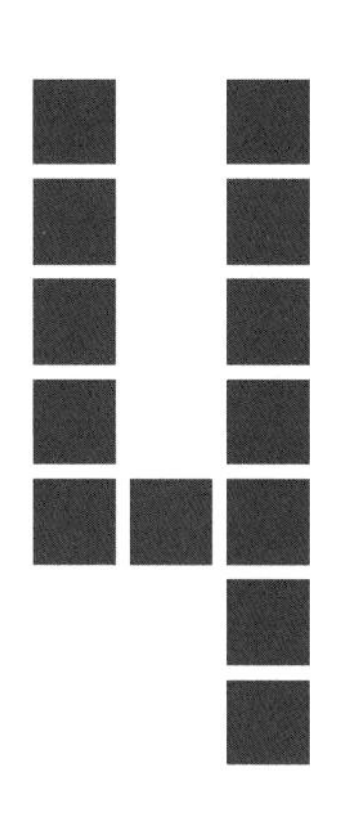

# 海南区域

01　中国平煤神马集团海南疗养基地

## 01 中国平煤神马集团海南疗养基地

项目业主：中国平煤神马能源化工集团有限责任公司
项目地点：海南海口市
建筑功能：疗养院、接待站、疗养公寓
用地面积：净用地为18.85hm$^2$
建筑面积：约40万平方米
设计时间：2013年
项目状态：已异地实施
合作团队：宋晓强、王芳、邓爱英、张弓 、钟福平、韩少渊、宛高旗、周威、吴晶等

职工休养公寓

休养院东庭院效果图

规划设计始终秉承疗养兼养老综合基地的设计理念。分析用地现状和规划需求后，我们将有地分为两大板块：位于东南的疗养院功能区，约5.33$hm^2$（80亩），和位于西侧的居家疗养区，约13.33$hm^2$（200亩），两大板块不设明显的界线，仅仅做设计形式的区分，旨在将二者综合规划设计成一个大的疗养综合体。疗养院为管理龙头可独立运营，可管理相对分散的疗养公寓，疗养公寓也可以独立使用，疗养院区域的公共设施则作为整个疗养基地的综合配套设施参与运营。

根据现状分析，基地目前适合作为主要入口的道路仅有南北两处，受“旗帜”形用地和北侧高压走廊制约，综合考量后将疗养院区域布置在用地东南侧，此区域靠近南入口，有较宽的南临街面，适合对外运营，设在其他处则不能满足对外临街面宽度要求。疗养区用地划分为南北长的纵向长方形，疗养院主体建筑靠南部，其他配套设施布置在北侧，活动和景观场地被围合到基地内侧并与居家疗区基地融为一体，共同规划成整个疗养基地的大花园，这里将是综合疗养区的“大起居厅和户外疗养园”。

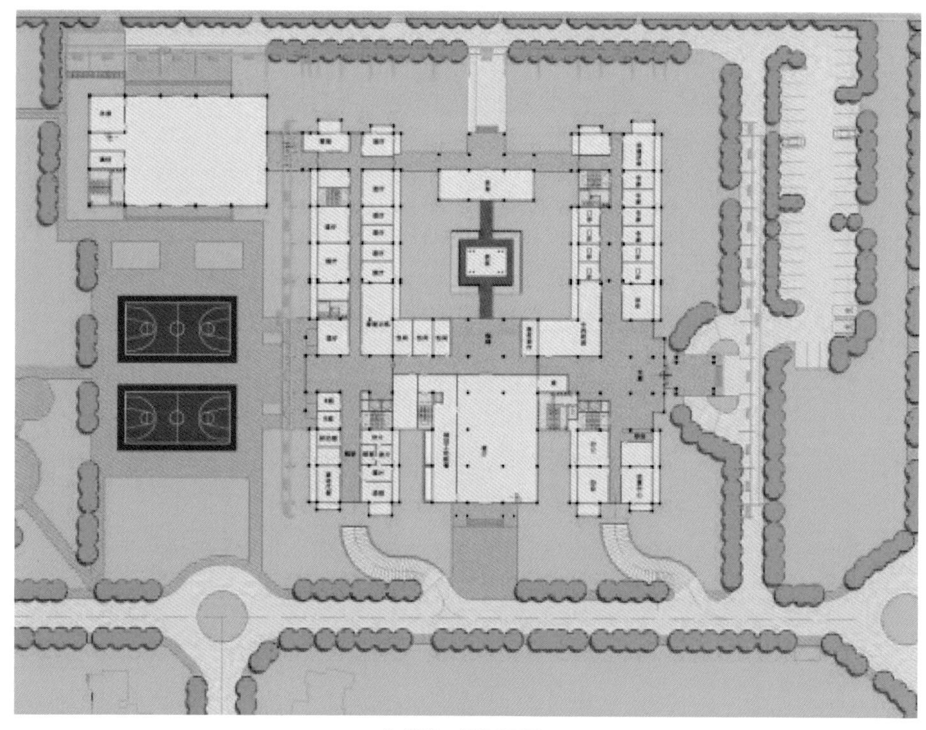

休养院一层平面图

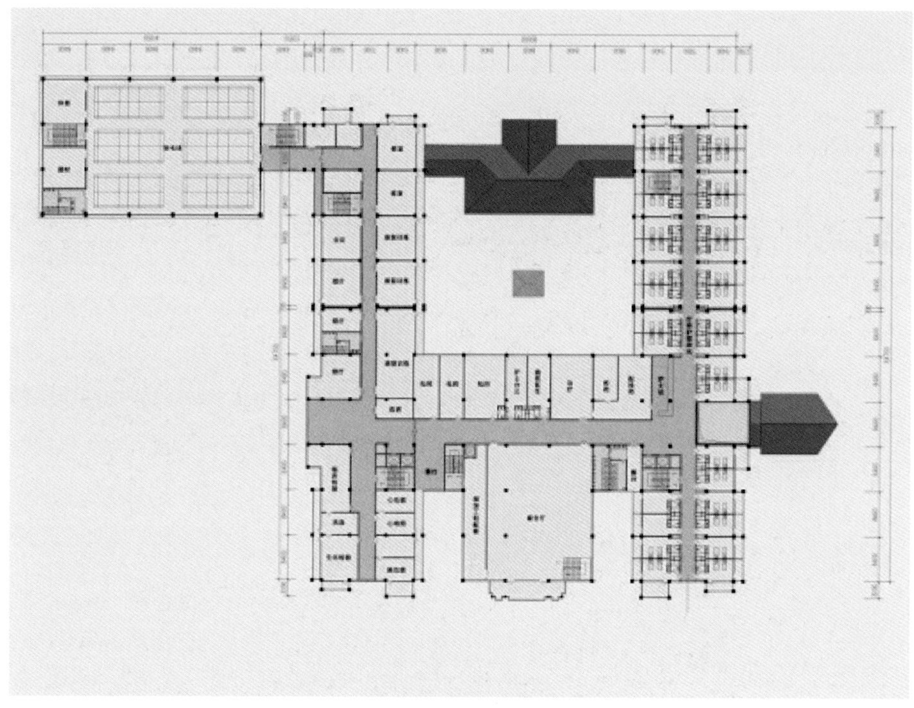

休养院二层平面图

休养院休养服务中心

休养院门诊接待大厅效果图

休养院公共服务区夜景

休养服务中心及室外泳池

实际实施的休养院接待大厅

职工休养公寓区鸟瞰

# 附录

## 附录1 项目获奖列表

中南财经政法大学文澜楼

2003年湖北省优秀设计三等奖

中南财经政法大学逸夫图书馆

2005年煤炭设计协会优秀工程设计一等奖

第十五届逸夫基金会优秀项目（教育部逸夫基金会授予）

中南财经政法大学中原楼

2007年湖北省优秀设计三等奖

中南财经政法大学文波楼

2007年湖北省优秀设计三等奖

中南财经政法大学文泰楼（教学楼三）

2007年煤炭设计协会优秀工程设计一等奖

第二炮兵指挥学院军官公寓

2011年中国人民解放军军队公寓住房建筑设计方案三等奖

中国华能庆阳办公、生活、教育、培训基地规划

2012年煤炭设计协会优秀咨询成果一等奖

中南财经政法大学球类运动馆可行性研究报告

2013年部级优秀咨询成果二等奖

中南财经政法大学球类运动馆

2017年煤炭设计协会优秀工程设计一等奖

火箭军指挥学院综合运动馆

2017年煤炭设计协会优秀工程设计一等奖

西安烽火数字技术有限公司产业园规划

2019年煤炭设计协会优秀咨询成果一等奖

咸宁高新区智能制造产业园规划

2020年煤炭设计协会优秀咨询成果一等奖

河南省光山县文殊乡东岳村规划

2020年煤炭设计协会优秀咨询成果一等奖

## 附录2 近期项目列表

### 荆楚理工学院医学教学实验实训中心

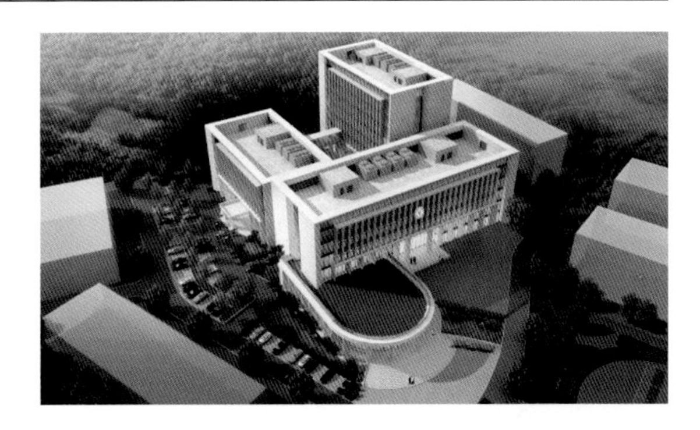

设计时间：2020～2021年
用地面积：20732m$^2$
建筑面积：23240m$^2$
合作团队：黄龙、陈珍、裴桂清、刘泽坤、徐志明、王扬、龚锐等

### 武汉市公安局洪山交警大队业务科技用房

设计时间：2020～2021年
用地面积：7925m$^2$
建筑面积：11061m$^2$
合作团队：黄龙、任鲲、张毅、陈珍、叶子怡、刘泽坤、徐志明、龚锐等

### 长江职业学院新校区二期

设计时间：2020年
用地面积：38.01hm$^2$
建筑面积（二期）：12.90万m$^2$
合作团队：黄龙、龚唯、裴桂清、任鲲、张毅、陈珍、叶子怡、刘泽坤、徐志明、刘朔燃、龚锐等

### 中南财经政法大学创新创业大楼

设计时间：2019年
用地面积：12903m$^2$
建筑面积：39800m$^2$
合作团队：黄龙、龚唯、张毅、陈珍、叶子怡、刘泽坤、龚锐等

## 湖北咸宁高新区智能制造产业园

设计时间：2019~2020年
用地面积：119273.85m$^2$
建筑面积：157022m$^2$
合作团队：黄龙、龚唯、胡程程、张毅、任鲲、陈珍、刘泽坤、徐志明、刘朔燃、龚锐等

## 中国平煤神马集团创新创业基地

设计时间：2019年
用地面积：净用地为36.08hm$^2$
建筑面积：981407m$^2$
合作团队：黄龙、陈珍、张毅、叶子怡等

## 赛山悟道茶叶产业园

设计时间：2018~2019年
用地面积：84158.92m$^2$
建筑面积：44468m$^2$
合作团队：黄龙、龚唯、杨军、陈珍、刘泽坤、徐志明、龚锐等

## 西安烽火数字技术有限公司产业园

设计时间：2016~2017年
用地面积：净用地为15.12hm$^2$
建筑面积：157527m$^2$
合作团队：黄刚、黄龙、龚唯、杨密、张毅、刘泽坤、王臣、朱泽民、石林、孙权、刘良泉、邹仕强、付倩宁、吴晶、胡家运、刘红梅、龚锐等

## 某军事指挥学院图书信息大楼

设计时间：2016年
用地面积：6303m$^2$
建筑面积：10462m$^2$
合作团队：黄龙、王臣、刘泽坤、张毅、龚锐等

## 河南省光山县槐店乡晏岗村游客中心及文化广场

设计时间：2014年
用地面积：8085m$^2$
建筑面积：1620m$^2$
合作团队：黄刚、宋晓强、王臣、刘泽坤、龚锐等

## 鲁能海南福源东四区

设计时间：2013～2014年
用地面积：119255m$^2$
建筑面积：182347m$^2$
合作团队：宋晓强、张弓、王芳、邓爱英、张启、潘书云、钟福平、龚代瑜、韩少渊、宛高旗、王秀琴、周威、吴晶、唐会祥、王师伟等

## 中国平煤神马集团海南疗养基地

设计时间：2013年
建筑面积：约400000m$^2$
合作团队：宋晓强、王芳、邓爱英、张弓、钟福平、韩少渊、宛高旗、周威、吴晶等

## 中南财经政法大学球类运动馆

设计时间：2012~2013年
用地面积：28260m$^2$
建筑面积：11500m$^2$
合作团队：王芳、邢明党、黄元元、郑万兵、吴晶等

## 湖北省军区体育馆

设计时间：2012年
用地面积：15078m$^2$
建筑面积：13658m$^2$
合作团队：宋晓强、杨晓明等

## 中国华能庆阳办公、生活、教育、培训基地

设计时间：2010~2012年
用地面积：49.79hm$^2$
建筑面积：447768m$^2$
合作团队：宋晓强、王芳、龚代瑜、朱泽民、李军、耿毅等

## 某军事指挥学院综合运动馆

设计时间：2010~2011年
用地面积：24513m$^2$
建筑面积：33138m$^2$
合作团队：黄刚、万博、李建波、邢克、郑万兵、耿毅等

## 甘肃省庆阳市调令关旅游度假区

设计时间：2011年
用地面积：21.1007hm$^2$
建筑面积：67522m$^2$
合作团队：赵继康、宋晓强、万博、黄刚等

## 湖北荣星家具公司总部

设计时间：2009~2011年
用地面积：67171m$^2$
建筑面积：43549m$^2$
合作团队：宋晓强、钟福平、邢克、耿毅等

## 甘肃省庆阳市西峰天湖水景生态园规划方案

设计时间：2009年
用地面积：210.8hm$^2$
建筑面积：1299340m$^2$
合作团队：范向光、宋晓强等

## 甘肃省庆阳市董志状元教学城规划方案

设计时间：2009年
建筑面积：354579m$^2$
合作团队：宋晓强、杨晓明、左丘等

## 科特迪瓦水晶城

设计时间：2008年
用地面积：11.6185$hm^2$
建筑面积：169400$m^2$
合作团队：罗德纯、宋晓强、张启、万博、邢克、耿毅等

## 科特迪瓦蓝色海岸

设计时间：2008年
用地面积：28.677$hm^2$
建筑面积：687780$m^2$
合作团队：罗德纯、宋晓强、杨晓明、邢克、耿毅等

## 科特迪瓦大巴萨姆国家开发区

设计时间：2008年
用地面积：175.35$hm^2$
建筑面积：约135万$m^2$
合作团队：宋晓强、罗德纯、杨晓明、邢克、耿毅等

## 中南财经政法大学酒店管理培训中心

设计时间：2005年
用地面积：25635$m^2$
建筑面积：26770$m^2$
合作团队：张启、万博、邢克、王明喜、郑万兵、张建民等

## 中南财经政法大学中原楼

设计时间：2005年

用地面积：25560$m^2$

建筑面积：16868$m^2$

合作团队：宋晓强、潘书云、万博、邢克、郑万兵、耿毅等

## 武汉音乐学院新校区

设计时间：2004~2005年

用地面积：65000$m^2$

建筑面积：82000$m^2$

合作团队：韩静秋、宋晓强、张启、陈钱商、邢克、郑万兵、张建民、李亮等

## 中南财经政法大学文泰楼（教学楼三）

设计时间：2004年

用地面积：38670$m^2$

建筑面积：32949$m^2$

合作团队：王杰元、刘成双、张启、钟福平、万博、王明喜、郑万兵、耿毅、张建民等

## 中南财经政法大学文波楼

设计时间：2003年

用地面积：22900$m^2$

建筑面积：21810$m^2$

合作团队：张启、万博、王明喜、郑万兵。张建民等

## 中南财经政法大学文澜楼

设计时间：2003年
用地面积：18700m$^2$
建筑面积：16790m$^2$
合作团队：张启、万博、王明喜、郑万兵、张建民等

## 中南财经政法大学逸夫图书馆

设计时间：2002年
用地面积：27100m$^2$
建筑面积：25600m$^2$
合作团队：钟福平、陈旻、王明喜、张凤国、张建民、陈千应、胡家运等

# 作者简介

**谢清诚**
Xie Qingcheng

中煤科工集团武汉设计研究院有限公司建筑二院院长
谢清诚工作室主持人

教授级高级建筑师
国家一级注册建筑师
煤炭行业技能大师
中国勘察设计协会评优专家

谢清诚，1973年5月生。1996年毕业于中国矿业大学建筑学专业，2015年至今任中煤科工集团武汉设计研究院有限公司建筑二院院长，谢清诚工作室主持人。

教授级高级建筑师、国家一级注册建筑师、煤炭行业技能大师、中国勘察设计协会评优专家。

2000年获武汉市十佳“杰出青年岗位能手”称号，2001年获湖北省“青年岗位能手”称号，2006年获“中央企业青年岗位能手”称号。

1996年加入中煤科工集团武汉设计研究院有限公司以来，一直致力于建筑空间和环境创作。工作领域涵盖建筑设计、室内外装饰设计、景观和规划设计和设计咨询。在学习及工作中以一线建筑师的视角理解、感悟建筑学界正蓬勃发展的新地域主义文化思潮，通过一个个不同地域的真实作品和创作实践，探索、践行和发展中国本土特色建筑文化。在所有项目创作中始终践行“以人为本”的原则，从使用者对建筑空间环境的体验为出发，运用技术和艺术手段塑造文化、和谐的建筑空间。

## 代表作品：

中南财经政法大学系列建筑

　　文澜楼（16790$m^2$）

　　文波楼（21810$m^2$）

　　文泰楼（32949$m^2$）

　　中原楼（16868$m^2$）

　　逸夫图书馆（25600$m^2$）

　　酒店管理培训中心（26770$m^2$）

　　球类运动馆（11500$m^2$）

武汉音乐学院新校区规划、主教学楼及图书馆（8.20万$m^2$）

科特迪瓦蓝色海岸（68.78万$m^2$）

科特迪瓦水晶城（16.94万$m^2$）

科特迪瓦大巴萨姆国家开发区规划（约135万$m^2$）

甘肃省庆阳市董志状元教学城（35.45万$m^2$）、庆阳西峰天湖水景生态园规划（129万$m^2$）

中国华能庆阳办公、生活、教育、培训基地（44.77万$m^2$）

某军事指挥学院综合运动馆（3.31万$m^2$）、图书馆信息大楼（1.05万$m^2$）

湖北省军区体育馆（1.37万$m^2$）

河南省光山县中心商务区文化中心及文化广场（10359$m^2$）

　　晏岗游客中心（1620$m^2$）

　　晏岗文化中心（1255$m^2$）

西安烽火数字技术有限公司产业园（15.75万$m^2$）

湖北咸宁高新区智能制造产业园（15.70万$m^2$）

荆楚理工学院医学教学实验实训中心（2.3万$m^2$）

长江职业学院新校区二期（12.90万$m^2$）

# 后记

参加工作至今已经25个年头，本人始终坚守创作一线，逐步形成一些创作思路和手法。这期间时常同好友华中科技大学的范向光老师一同探讨交流建筑历史和新思潮，也不时对我的建筑创作实践有一些研讨，慢慢发现我骨子里坚守的创作理念与新地域主义的内涵那么吻合。随着一个个项目建成、投入使用，在获得业主和使用者肯定之余，其中不少业主朋友和我的领导鼓励我做一些总结和梳理，写写文章。实在是一直忙于应对工程设计事务，鲜有空闲，思考、整理工作断断续续，非常感谢范老师的鼓励和帮助，才得以利用春节前后的这段时间，策划、编辑完成本书。感谢我工作室的同事张毅、陈珍的编辑整理。谨以此书向认同我的创作的业主朋友们、向行业同仁们做一次总结汇报，敬请批评指正。

谢清诚

2021年夏